MATEMÁTICA

SOBRE AS AUTORAS

ESTELA KAUFMAN FAINGUELERNT. Doutora em Engenharia de Sistemas, Tecnologia e Sociedade. Professora da Pós-graduação em Educação Matemática da Universidade Severino Sombra -Vassouras-RJ. Autora dos livros *Fazendo arte com a matemática*, *Tecendo matemática com arte* e *Descobrindo matemática na arte*, Artmed Editora.

KATIA REGINA ASHTON NUNES. Pós-graduada em Matemática. Mestre em Educação Matemática. Coordenadora de Matemática da Educação Infantil ao Ensino Médio da Associação Educacional Miraflores, Niterói-RJ. Professora aposentada da Rede Estadual de Ensino do RJ. Autora dos livros *Fazendo arte com a matemática*, *Tecendo matemática com arte* e *Descobrindo matemática na arte*, Artmed Editora.

F162m   Fainguelernt, Estela K.
            Matemática : práticas pedagógicas para o ensino médio /
            Estela K. Fainguelernt, Katia Regina A. Nunes. – Porto Alegre : Penso, 2012.
            158 p. : il. ; 23 cm.

            ISBN 978-85-63899-96-5

            1. Educação. 2. Prática pedagógica – Matemática – Ensino médio.
     I. Nunes, Katia Regina A. II. Título.

CDU 370.02 :51

Catalogação na publicação: Ana Paula M. Magnus – CRB 10/2052

MATEMÁTICA
PRÁTICAS PEDAGÓGICAS
PARA O ENSINO MÉDIO

ESTELA KAUFMAN FAINGUELERNT
KATIA REGINA ASHTON NUNES

2012

© Penso Editora Ltda., 2012

Capa: Márcio Monticelli
Preparação do original: Lara Frichenbruder Kengeriski
Leitura final: Janine Pinheiro de Mello
Coordenadora editorial: Mônica Ballejo Canto
Gerente editorial: Letícia Bispo de Lima
Projeto gráfico e editoração: TIPOS – design editorial e fotografia

Reservados todos os direitos de publicação
PENSO EDITORA LTDA., uma empresa do GRUPO A EDUCAÇÃO S.A.
Av. Jerônimo de Ornelas, 670 – Santana
90040-340 – Porto Alegre, RS
Fone: (51) 3027-7000 Fax: (51) 3027-7070

É proibida a duplicação ou reprodução deste volume, no todo ou em parte, sob quaisquer formas ou por quaisquer meios (eletrônico, mecânico, gravação, foto cópia, distribuição na Web e outros), sem permissão expressa da Editora.

SÃO PAULO
Av. Embaixador Macedo de Soares, 10.735 – Pavilhão 5
Cond. Espace Center – Vila Anastácio
05095-035 – São Paulo – SP
Fone: (11) 3665-1100 Fax: (11) 3667-1333

SAC 0800 703-3444

IMPRESSO NO BRASIL
PRINTED IN BRAZIL

APRESENTAÇÃO

Como professoras que trabalham em sala de aula por mais de 25 anos, em diferentes níveis de ensino, do fundamental à pós-graduação, pesquisadoras da área de educação matemática e, como autoras de livros sobre o tema, sabemos da importância da formação permanente do professor.

> **É importante que se entenda que é impossível pensar no professor como já formado. Quando as autoridades pensam em melhorar a formação do professor, seria muito importante um pensar novo, em direção à educação permanente.** (D'Ambrósio, 2001, p.57)

Nosso percurso profissional tem nos permitido, ao longo do tempo, identificar problemas de diferentes tipos no ensino e na aprendizagem da matemática: alunos desmotivados para estudar matemática e professores repetindo antigos modelos, e ensinando, ainda hoje, uma matemática de forma automatizada e descontextualizada, e não integrada a outras áreas do conhecimento. Professores desmotivados e com dificuldade de selecionar problemas que despertem nos alunos a vontade de resolvê-los e os conhecimentos necessários para que esses alunos apliquem os conceitos matemáticos a outras situações, além de muitas outras dificuldades.

Inúmeros são os pesquisadores da área de educação matemática que têm se preocupado com a resolução desses problemas.

Na busca por mudanças que são necessárias para o ensino de matemática no ensino médio, achamos importante refletir sobre as palavras de Santaló:

> A missão dos educadores é preparar as novas gerações para o mundo em que terão que viver: Isto quer dizer proporcionar-lhes o ensino necessário para que adquiram as destrezas e habilidades que vão necessitar para seu desempenho, como comodidade e eficiência, no seio da sociedade que enfrentarão ao concluir sua escolaridade.
> (Santaló, 1996)

Devemos ter consciência que muitos dos alunos do ensino médio continuarão os estudos em carreiras que necessitem fundamentalmente de matemática, mas outros não. Independente disso, precisamos que todos construam os significados de conceitos matemáticos que os ajudem na sua formação e no desenvolvimento do seu pensamento lógico reflexivo.

Para planejarmos as práticas pedagógicas que utilizaremos em nossas aulas precisamos saber responder às questões a seguir, pois essas respostas nos ajudarão a selecionar as nossas futuras ações em sala de aula, e, dessa forma, contribuir para a melhoria do ensino e da aprendizagem dessa importante disciplina.

I   A quem ensinar? O sujeito.
II O que ensinar? O conteúdo.
III Como ensinar? A metodologia.
IV Para que ensinar? O objetivo.

Diante do que foi dito acima, selecionamos para este livro da coleção "Práticas Pedagógicas para o Ensino Médio", quatro capítulos. O primeiro capítulo, denominado *Reflexões sobre o ensino da matemática*, aborda diferentes propostas metodológicas que estão sendo aplicadas hoje ao ensino de matemática no ensino médio. Os demais capítulos, a saber, *Função, Transformações Geométricas no Plano e Poliedros* contêm diferentes atividades investigativas as quais foram, e continuam sendo, trabalhadas em nossas aulas, e que você, professor, poderá desenvolver com seus alunos com vistas à aprendizagem desses conteúdos.

Nossa intenção com esse livro é compartilhar com você um grande número de iniciativas bem-sucedidas, pesquisas que vêm sendo realizadas em diferentes instituições de ensino no Brasil e em outros países, além de trabalhos que estão sendo vivenciados por diversos grupos que se dedicam à educação matemática. Contribuir para as muitas discussões que se fazem tão necessárias acerca do processo de ensino e de aprendizagem da matemática.

> **Tanto as propostas curriculares como os inúmeros trabalhos desenvolvidos por grupos de pesquisa ligados a universidades e outras instituições brasileiras são ainda bastante desconhecidos de parte considerável dos professores que, por sua vez, não têm uma visão clara dos problemas que motivaram as reformas. O que se observa é que ideias ricas e inovadoras não chegam a eles ou são incorporadas superficialmente ou recebem interpretações inadequadas, sem provocar mudanças desejáveis.** (PCN , Brasil 1997 p.23)

Não é nosso propósito nesse livro fornecer receitas, mas compartilhar experiências, apresentar ideias e uma forma diferenciada de trabalhar matemática em sala de aula.

Gostaríamos de concluir citando D'Ambrosio (1998):

> [...] a matemática está passando por profundas transformações, o professor necessariamente deve estar mais preparado para participar dessas transformações e para se aventurar no novo, do que para repetir o velho, muitas vezes inútil e desinteressante. O papel do professor deve ser outro. Aquele professor que vê passar a informação, ensina algo, repete conhecimentos feitos e congelados, e cobra aquilo que ensinou, está com os dias contados. O novo perfil do professor é fundamentalmente o de um facilitador da aprendizagem do aluno e de um companheiro na busca do novo.

Esperamos que a leitura deste livro gere reflexões sobre sua prática docente e que possa trazer impactos positivos e significativos sobre suas futuras ações em sala de aula.

Um grande abraço e boa leitura!

SUMÁRIO

Apresentação — v

1 Reflexões sobre o ensino da matemática — 11

2 Funções — 29

3 Transformações geométricas no plano — 75

4 Poliedros — 113

Referências — 153

CAPÍTULO 1

REFLEXÕES SOBRE O ENSINO DA MATEMÁTICA

Uma sociedade como a atual – cada vez mais permeada por novas descobertas nos campos da ciência e tecnologia, logo disponibilizadas a praticamente todas as pessoas – exige uma nova dinâmica em relação aos modos de transmissão e de aquisição de conhecimentos.

O ensino fragmentado, descontextualizado, baseado na transmissão oral de conhecimentos, com ênfase na memorização, assim como as práticas que abdicam do professor o seu papel de desafiar e intervir no processo de apropriação de conhecimentos por parte dos alunos, são – além de infrutíferos – extremamente inadequados.

As pesquisas e avaliações oficiais confirmam que esse tipo de ensino não alcança o resultado esperado. Os dados obtidos nessas avaliações nas diferentes áreas do conhecimento, e em especial na matemática, são alarmantes.

Os alunos mudaram, novos ambientes de aprendizagem surgiram e a construção do conhecimento ocorre hoje de forma muito diversa da do passado.

É preciso então dar ao ensino uma dimensão mais dinâmica, romper de vez com uma prática meramente reprodutora. Os alunos precisam ser expostos a atividades significativas e desafiadoras, que lhes interessem, estimulem a curiosidade e que possibilitem ricas oportunidades de aprendizagem.

Hoje, o ensino e a aprendizagem devem estar associados ao diálogo, à participação, à criação e à cooperação, e não apenas à reprodução e à memorização.

> **A Educação é comunicação, é diálogo, na medida em que não é transferência de saber, mas um encontro de sujeitos interlocutores que buscam a significação dos significados.** (Freire, 1998)

Mas como realizar as mudanças que se fazem necessárias? Como reverter o quadro de imobilismo que há tanto tempo impera em nossas salas de aula?

Na tentativa de reverter esse quadro, muitas foram as propostas apresentadas pelos órgãos oficiais, para os diferentes níveis de ensino. No ensino médio, foco deste livro, não foi diferente. Em 1996 a nova Lei de Diretrizes e Bases da Educação Nacional (LDB) propôs mudanças significativas nesse segmento. Ela alterou o caráter proeminentemente propedêutico (direcionado para os níveis educacionais superiores) e profissionalizante (voltado para o imediato ingresso no mundo do trabalho) desse nível de ensino, atribuindo-lhe o papel de etapa terminal de um processo educativo de caráter geral, permitindo assim a inserção do indivíduo no mercado de trabalho, mas ao mesmo tempo viabilizando a continuidade dos estudos a quem o desejasse.

O ensino médio deixou de ser então prioritariamente uma preparação para o ensino superior e passou a ser parte integrante da educação básica de todo cidadão.

De acordo com essa nova perspectiva, faz parte hoje das funções do ensino médio desenvolver no indivíduo o pensamento crítico e a autonomia intelectual, de forma que ele se sinta não só apto a adquirir novos conhecimentos, como também preparado para assumir plenamente seu papel na construção de uma sociedade mais justa e democrática:

> propõe-se, no nível do Ensino Médio, a formação geral, em oposição à formação específica; o desenvolvimento de capacidades de pesquisar, buscar informações, analisá-las e selecioná-las; a capacidade de aprender, criar, formular, ao invés do simples exercício de memorização. (Parâmetros Curriculares Nacionais para o Ensino Médio -PCNEM; MEC -Brasília, 2002)

No que se refere especificamente aos processos de ensino e de aprendizagem de matemática no ensino médio, os PCNEM recomendam que, além de considerá-la ciência autônoma, com uma linguagem própria e métodos de investigação específicos que ajudam o aluno a estruturar o pensamento e o raciocínio dedutivo, não se deve esquecer do seu aspecto instrumental, com importante papel integrador junto às demais ciências.

Deve-se desenvolver os conteúdos matemáticos de modo a permitir que os alunos usufruam tanto do valor intrínseco da matemática, quanto de seu aspecto formativo, instrumental e tecnológico. É preciso que o aluno construa os conceitos e consiga transferir e aplicar esses conhecimentos em outras áreas. Por exemplo, ao estudar a análise combinatória, ele precisa construir os significados do conceito para ter condições de transferi-lo para o estudo da genética em biologia.

> **A forma de trabalhar os conteúdos deve sempre agregar um valor formativo no que diz respeito ao desenvolvimento do pensamento matemático. Isso significa colocar os alunos em um processo de aprendizagem que valorize o raciocínio matemático – nos aspectos de formular questões, perguntar-se sobre a existência de solução, estabelecer hipóteses e tirar conclusões, apresentar exemplos e contraexemplos, generalizar situações, abstrair regularidades, criar modelos, argumentar com fundamentação lógico-dedutiva.** (BRASIL, 2006, p.69-70)

A matemática é uma ciência viva, é uma ferramenta que desenvolve outras ciências. Ela comporta um amplo espectro de relações e regularidades, que despertam a curiosidade e, ao mesmo tempo, aumentam a capacidade de generalizar, projetar, prever e abstrair, condições essenciais para o exercício de qualquer atividade profissional. Atualmente, com os avanços nas estruturas sociais, os progressos científicos e tecnológicos e a criação de novas áreas de conhecimento, a importância da matemática se tornou ainda mais evidente.

> **A Matemática, por sua universalidade de quantificação e expressão, como linguagem portanto, ocupa uma posição singular. No Ensino Médio, quando nas ciências se torna essencial uma construção abstrata mais elaborada, os instrumentos matemáticos são especialmente importantes. Mas não é só nesse sentido que a Matemática é fundamental. Possivelmente, não existe nenhuma atividade da vida contemporânea, da música à informática, do comércio à meteorologia, da medicina à cartografia, das engenharias às comunicações, em que a Matemática não compareça de maneira insubstituível para codificar, ordenar, quantificar e interpretar compassos, taxas, dosagens, coordenadas, tensões, frequências e quantas outras variáveis houver. A Matemática ciência, com seus processos de construção e validação de conceitos e argumentações e os procedimentos de generalizar, relacionar e concluir que lhe são característicos, permite estabelecer relações e interpretar fenômenos e informações.** (PCNEM, 2002, p. 211)

Realmente, a matemática é uma disciplina fundamental, e está presente na arquitetura, na astronomia, na química, na meteorologia, na genética, na medicina e na física quântica. Tem contribuído para o desenvolvimento de algoritmos para sequenciamento de DNA, em uma área recente chamada Biomatemática, e para criar cenários teóricos de situações práticas, como a projeção necessária de água nos próximos 20 anos (planejamento urbano). Ela também está presente na abordagem de grandes questões do meio ambiente, como a questão da poluição e do desmatamento. É essencial para analisar um exame laboratorial, para calcular a quantidade de remédio que se deve aplicar a um paciente, para estudar medidas que visam amenizar os problemas gerados pelo trânsito de veículos nas grandes cidades, e até para pintar uma obra de arte.

Muitos são os artistas que se valem das noções matemáticas para criar suas obras.

O famoso artista espanhol Salvador Dali (1904-1989) para pintar "Leda Atômica" recorreu a um matemático, o romeno Matila Ghika. A harmonia presente nessa obra foi fundamentada em cálculos matemáticos.

 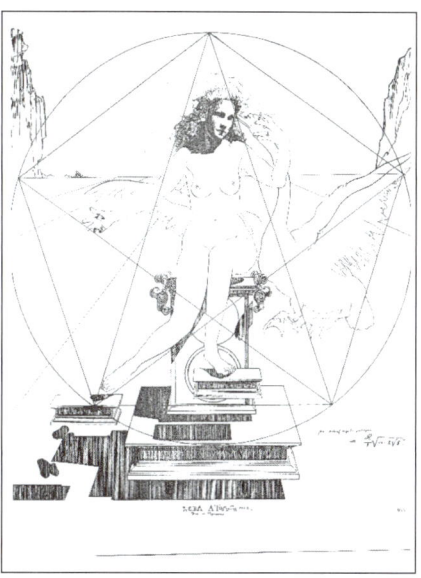

Figura 1.1 ▶
Leda Atômica de Salvador Dali.

Waldemar Cordeiro foi outro artista. Em 1952, fundou o Grupo Ruptura. Os quadros de Cordeiro que participaram da exposição Ruptura são verdadeiros exercícios de Geometria. Neles Cordeiro utiliza-se quase que exclusivamente de linhas finas que desenham retas, arcos e círculos, em poucas cores, sobre fundos monocromáticos; somente algumas figuras geométricas são preenchidas com cores homogêneas, destacando-se do fundo.

Outro artista que utilizou amplamente a matemática para criar suas obras foi o holandês Maurits Cornelius Escher (1898-1972). A chave para os surpreendentes efeitos de suas gravuras foi a geometria. Em seus trabalhos, ele de-

Figura 1.2 ▶
Evolução II – 1939 de Maurits Escher.

monstrou grande domínio dos princípios fundamentais dessa disciplina e uma poderosa intuição na compreensão das relações espaciais. Suas obras se caracterizam por apresentar uma geometria como forma e movimento.

Diante de tantos exemplos e aplicações, fica clara a necessidade de mudanças. Como é possível continuarmos apresentando aos alunos uma Matemática tão distante das situações do dia a dia e de outras áreas do conhecimento?

Hoje, até o famoso vestibular, que era para muitos uma desculpa para a cristalização do ensino, mudou radicalmente. Há uma tendência cada vez mais presente nesses exames, tanto de universidades públicas como particulares, de se exigir cada vez menos a memorização de fórmulas e valorizar cada vez mais a autonomia dos alunos. As questões desses exames, na sua maioria, têm sido apresentadas de forma integrada e contextualizada.

Por exemplo, o Enem, exame criado em 1998 pelo Inep/Mec para avaliar o desempenho dos estudantes brasileiros ao término da educação básica e o desenvolvimento de competências fundamentais para o exercício da cidadania, reforça essa tendência. Seu objetivo não é medir a capacidade do estudante de assimilar e acumular informações. O modelo de avaliação adotado por esse exame dá ênfase na aferição das estruturas mentais com as quais construímos continuamente o conhecimento e não apenas na memória. A prova é interdisciplinar e contextualizada. E mais do que saber conceitos, esse exame exige que o estudante saiba interpretar, transferir e aplicar os conteúdos de matemática estudados em diferentes situações-problema.

Vejamos alguns exemplos de questões recentes do Enem e de outros vestibulares.

QUADRO 1.1

ENEM (2006) ▶ Não é nova a ideia de se extrair energia dos oceanos aproveitando-se a diferença das marés alta e baixa. Em 1967, os franceses instalaram a primeira usina "maré-motriz", construindo uma barragem equipada de 24 turbinas, aproveitando-se a potência máxima instalada de 240 MW, suficiente para a demanda de uma cidade com 200 mil habitantes. Aproximadamente 10% da potência total instalada são demandados pelo consumo residencial.

Nessa cidade francesa, aos domingos, quando parcela dos setores industrial e comercial para, a demanda diminui 40%. Assim, a produção de energia correspondente à demanda aos domingos será atingida mantendo-se

I. todas as turbinas em funcionamento, com 60% da capacidade máxima de produção de cada uma delas.
II. a metade das turbinas funcionando em capacidade máxima e o restante, com 20% da capacidade máxima.
III. quatorze turbinas funcionando em capacidade máxima, uma com 40% da capacidade máxima e as demais desligadas.

Está correta a situação descrita

a) apenas em I.
b) apenas em II.
c) apenas em I e III.
d) apenas em II e III.
e) em I, II e III.

QUADRO 1.2

ENEM (2003) ▶ Dados divulgados pelo Instituto Nacional de Pesquisas Espaciais mostraram o processo de devastação sofrido pela Região Amazônica entre agosto de 1999 e agosto de 2000. Analisando fotos de satélites, os especialistas concluíram que, nesse período, sumiu do mapa um total de 20000 quilômetros quadrados de floresta. Um órgão de imprensa noticiou o fato com o seguinte texto:

O assustador ritmo de destruição é de um campo de futebol a cada oito segundos. Considerando que um ano tem aproximadamente 32×10^6 s (trinta e dois milhões de segundos) e que a medida da área oficial de um campo de futebol é aproximadamente 10^2 km² (um centésimo de quilômetro quadrado), as informações apresentadas nessa notícia permitem concluir que tal ritmo de desmatamento, em um ano, implica a destruição de uma área de

a) 10000 km², e a comparação dá a ideia de que a devastação não é tão grave quanto o dado numérico nos indica.
b) 10000 km², e a comparação dá a ideia de que a devastação é mais grave do que o dado numérico nos indica.
c) 20000 km², e a comparação retrata exatamente o ritmo da destruição.
d) 40000 km², e o autor da notícia exagerou na comparação, dando a falsa impressão de gravidade a um fenômeno natural.
e) 40000 km² e, ao chamar a atenção para um fato realmente grave, o autor da notícia exagerou na comparação.

QUADRO 1.3

UERJ 2001 ▸

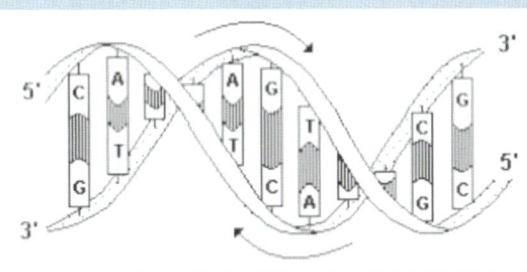

Trechos complementares de duas cadeias de nucleotídeos de uma molécula de DNA.

Observe que uma cadeia se dispõe em relação à outra de modo invertido (Adaptado de LOPES. Sônia. "BIO 3". São Paulo. Saraiva,1993.)

Considere as seguintes condições para a obtenção de fragmentos de moléculas de DNA:
- todos os fragmentos devem ser formados por 2 pares de bases nitrogenadas;
- cada fragmento deve conter as quatro diferentes bases nitrogenadas.

O número máximo de fragmentos diferentes que podem ser assim obtidos corresponde a:
a) 4
b) 8
c) 12
d) 24

> **QUADRO 1.4**
>
> **UFMG 2008** ▸ Um químico deseja produzir uma solução com pH = 2, a partir de duas soluções: uma com pH = 1 e uma com pH = 3.
>
> Para tanto, ele mistura x litros da solução de pH = 1 com y litros da solução de pH = 3. Sabe-se que pH = − log [H⁺], em que [H⁺] é a concentração de íons, dada em mol por litro.
>
> Considerando-se essas informações, é correto afirmar que $\dfrac{x}{y}$ é:
>
> a) 1/100.
> b) 1/10.
> c) 10.
> d) 100.

Como vimos, precisamos urgentemente ir além da perspectiva conteudista do ensino e começar a propor uma educação interdisciplinar. Uma educação que crie ambientes de aprendizagem nos quais os alunos interajam com o objeto de estudo, a pesquisa, a construção dos conhecimentos, e onde eles sejam estimulados a pensar e a desenvolver as diferentes inteligências. Gardner deixa bem claro a pluralidade do intelecto. E, em sua opinião:

> **O propósito da escola deveria ser o de desenvolver as inteligências e ajudar as pessoas a atingirem objetivos de ocupação e passatempo adequados ao seu espectro particular de inteligências. As pessoas que são ajudadas a fazer isso, acredito, se sentem mais engajadas e competentes e, portanto, mais inclinadas a servirem à sociedade de uma maneira construtiva.** (Gardner, 1995)

Precisamos também motivar e encantar nossos alunos. O aluno precisa ser seduzido, precisa identificar a beleza da construção matemática e descobrir o prazer de "fazer" Matemática:

> Se eu fosse ensinar a uma criança a arte da jardinagem, não começaria com as lições das pás, enxadas e tesouras de podar. Eu a leva-

> ria a passear por parques e jardins, mostraria flores e árvores, falaria sobre suas maravilhosas simetrias e perfumes; a levaria a uma livraria para que ela visse, nos livros de arte, jardins de outras partes do mundo. Aí, seduzida pela beleza dos jardins, ela me pediria para ensinar-lhes as lições das pás, enxadas e tesouras de podar (...)
> **A experiência da beleza tem de vir antes.** (Rubem Alves, 2008, p.130)

Esse encantamento certamente não ocorrerá se continuarmos a ter em nossas salas de aula, alunos sentados enfileirados, um atrás do outro, escutando atentamente as informações dadas pelo professor. Para que esse encantamento ocorra, é necessário que transformemos o espaço da sala de aula. As palavras diálogo, interação, vivência e participação precisam estar frequentemente presentes nesse espaço.

Dois grandes artistas plásticos brasileiros: Lygia Clark e Hélio Oiticica, se valeram dessas palavras para transformar o espaço do museu. E o professor e escritor Julio César de Mello e Souza também se valeu delas, para transformar sua sala de aula e a vida de muitos estudantes.

Lygia Clark (1920-1988) acreditava que o ser humano da era industrial tinha perdido a sensibilidade, por isso passou a criar objetos de arte que estimulavam a participação do público e sua interação com a obra. Em 1960 criou a série Bichos, obras que revolucionaram os conceitos estabelecidos. Foi a primeira vez que o público podia interagir e modificar uma obra de arte. Em suas exposições ela colocava a placa "Por favor, toque nas obras". O espectador passou então de passivo a sujeito que age diretamente na modificação da obra.

Figura 1.3 ▶
Bicho (1960).

Hélio Oiticica (1937-1980) dizia que não era um artista, mas um propositor. Em 1965 ele criou os famosos "Parangolés". Obras que não são estáticas, expostas ao olhar. Elas foram criadas para serem "vestidas" ou carregadas pelo participante. Oiticica diz: "o objetivo é dar ao público a chance de deixar de ser público espectador, de fora, para participante na atividade criadora".

O que importava para esse artista é a criação de espaços para a participação e invenção criativa do espectador.

O professor Julio César de Mello e Souza (1895-1974), conhecido mundialmente como Malba Tahan, foi o precursor da educação matemática e da interdisciplinaridade. Em suas aulas trabalhava com estudo dirigido, manipulação de objetos e com a História da Matemática. Ele ainda defendia com veemência a resolução de exercícios sem o uso mecânico de fórmulas, o uso de atividades lúdicas, e a criação de laboratórios de matemática em todas as escolas.

Carismático, o professor Julio César encantava seus alunos com suas histórias. Ele propunha problemas de aritmética e álgebra com a mesma leveza e encanto dos contos das mil e uma noites.

Seus livros, ainda hoje, despertam a curiosidade e levam o leitor a interpretá-los possibilitando-lhe identificar os conceitos matemáticos que estão implicitamente colocados neles. *O homem que calculava*, seu livro mais famoso, tem mais de 100 edições e já foi publicado em inúmeras línguas. Ele é um livro de contos, sendo que cada um deles apresenta implicitamente uma situação-problema que leva o leitor à construção de um conceito matemático.

Esses 3 exemplos foram fundamentais; eles e outros importantes teóricos da área da educação e da matemática nos inspiram a realizar as transformações que se fazem tão necessárias em nossas salas de aula. Assim como eles, nossa intenção deve ser transformar o espaço da sala de aula de matemática, trazendo para esse espaço a intuição, a criatividade, a imaginação e a criação. Implementando assim, em nossas salas de aula, um ambiente de pesquisa, de participação, de construção de conhecimentos, de descobertas e reflexão. De forma a privilegiar a participação ativa do educando na construção de seu próprio conhecimento.

Os verbos utilizados hoje em educação devem ser verbos de ação: investigar, conjecturar, justificar, descrever, interpretar, construir, e não somente verbos que dão ideia de passividade, como: escutar, copiar, memorizar...

> **Não temo dizer que inexiste validade no ensino em que não resulta um aprendizado em que o aprendiz não se tornou capaz de recriar ou de refazer o ensinado. (...) Nas condições de verdadeira aprendizagem, os educandos vão se transformando em reais sujeitos da construção e da reconstrução do saber ensinado (...). Percebe-se, assim, que faz parte da tarefa docente não apenas ensinar conteúdos, mas também ensinar a pensar certo.** (Freire, 1998, p.26-29)

Nesse espaço devemos ter diferentes recursos, que vão muito além do giz e do livro didático. Hoje, é difícil pensar em um ensino de matemática que desconsidere, por exemplo, o uso das novas tecnologias.

Incorporar diferentes recursos tecnológicos no cotidiano da escola não pode mais ser considerado algo para o futuro. Eles precisam ser imediatamente inseridos e de forma efetiva nas salas de aula de matemática.

Os recursos computacionais se constituem em instrumental de enorme potencial: possibilitam, entre outros, o enriquecimento e a melhoria da qualidade do ensino, bem como facilitam e tornam prazerosa a aprendizagem. No entanto, o uso do computador e de outras tecnologias, por si só, não garante melhorias no processo de ensino e de aprendizagem. É preciso aliar a esses recursos novas metodologias de ensino, que fujam da simples memorização e tenham como objetivo desenvolver habilidades de reflexão, levantamento de conjecturas, argumentação, levando o aluno a participar, de fato, de seu processo de aprendizagem. Caso contrário, o computador corre o risco de ser utilizado apenas como recurso passivo, como ferramenta de armazenamento ou recurso ágil para cálculos ou busca de informação.

Como diz D'Ambrosio (2004), "a falta de tecnologia causa má educação, mas o uso de tecnologia não é sinônimo de boa educação".

Diversos grupos espalhados pelo Brasil e pelo mundo têm sido formados para debater a possibilidade da utilização dos recursos das Tecnologias da

Informação e Comunicação (TICs), principalmente o computador e suas interfaces. Eles pesquisam como e qual a melhor forma de utilizar esses diferentes recursos em sala de aula e elaboram materiais para serem utilizados, pelo professor, com seus alunos. Vejamos alguns deles.

- **GPIMEM** – Grupo de Pesquisa em Informática, outras Mídias e Educação Matemática que nasceu em 1993 e é coordenado pelo professor Marcelo de Carvalho Borba. Esse grupo é composto por docentes e estudantes da graduação e pós-graduação da UNESP – Rio Claro, SP que desenvolvem pesquisas sobre o papel das tecnologias da informação e comunicação (TIC) nos processos de ensino e aprendizagem de matemática. No *site* www.rc.unesp.br/gpimem é possível encontrar, entre outros, artigos, vídeos, dissertações e teses sobre o tema para serem baixados pelo professor.

- **GEPEMNT** – Grupo de Estudos e Pesquisa em Educação Matemática e Novas Tecnologias. Ele está sediado no Departamento de Matemática da Universidade Federal de Minas Gerais (UFMG) e é coordenado pelas professoras Jussara de Loiola Araújo e Márcia Maria Fusaro Pinto, e tem como tema de suas atividades o uso de tecnologias da informação e da comunicação em situações de ensino e aprendizagem de Matemática. Pode ser acessado no site www.mat.ufmg.br/gepemnt/.

- **EDUMATEC** – Educação Matemática e Tecnologia Informática da UFRGS tem como um dos objetivos a apresentação de material que trate do potencial da tecnologia informática no âmbito da educação matemática escolar. Especial atenção é dada à seleção de *software*, com escolhas que recaem sobre aqueles que se caracterizam como ambientes de expressão e exploração. Maria Alice Gravina é professora do Instituto de Matemática da UFRGS e coordenadora desse projeto (www.edumatec.mat.ufrgs.br).

- **CDME-UFF,** Niterói-RJ, que disponibiliza nos *sites* http://www.uff.br/cdme/ e http://www.cdme.im-uff.mat.br conteúdos digitais de qualidade, de fácil acesso e com orientações metodológicas. Nesses *sites* há uma série de objetos de aprendizagem (na forma de *softwares* matemáticos e experimentos educacionais) para o ensino médio, junto com orientações detalhadas de como usá-los efetivamente em sala de aula. Todos os *softwares* são gratuitos e foram desenvolvidos pelo Instituto de Matemática e pelo Instituto de Computação da Universidade Federal Fluminense. Muitos desses trabalhos foram desenvolvidos pelos professores Humberto José Bortolossi, Wanderley Moura Rezende e Ana Maria Kaleff.

Todos os grupos citados, e muitos outros que não foram citados nesse texto por falta de espaço, trabalham com o computador como recurso facilitador do processo de ensino e de aprendizagem da matemática aliando a esse recurso uma proposta que tem como eixo metodológico a resolução de problemas. O aluno diante do computador é levado a elaborar e testar hipóteses, simular situações, socializar e argumentar ideias, inferir propriedades, justificar seus raciocínios e validar suas próprias conclusões.

> A resolução de problemas é peça central para o ensino de Matemática, pois o pensar e o fazer se mobilizam e se desenvolvem quando o indivíduo está engajado ativamente no enfrentamento de desafios. Essa competência não se desenvolve quando propomos apenas exercícios de aplicação dos conceitos e técnicas matemáticas pois, neste caso, o que está em ação é uma simples transposição analógica: o aluno busca na memória um exercício semelhante e desenvolve passos análogos aos daquela situação, o que não garante que seja capaz de utilizar seus conhecimentos em situações diferentes ou mais complexas. (PCN +Ensino Médio. Orientações educacionais complementares aos PCNMEC/ secretaria de educação básica 2002, p.112)

Assim, para desenvolver os temas presentes no currículo de matemática do ensino médio, com o recurso das novas tecnologias, é preciso que o professor elabore atividades investigativas e significativas que deverão ser resolvidas pelo aluno com o auxílio de materiais manipulativos.

> O uso de material concreto propicia aulas mais dinâmicas e amplia o pensamento abstrato por um processo de retificações sucessivas que possibilita a construção de diferentes níveis de elaboração do conceito. (PAIS, 2006)

Nesse ambiente, o professor tem papel fundamental, ele é o orientador de todo o processo de aprendizagem.

Como nos diz Diniz e Smole (2002, p.41), o desenvolvimento da competência de resolução de problemas não se desenvolve se aos alunos propomos apenas exercícios de aplicação dos conceitos e técnicas matemáticas. O desenvolvimento se faz no enfrentamento de problemas complexos e diversificados. Isso não significa que os exercícios do tipo: calcule, resolva, etc., devam ser eliminados, pois eles cumprem a função do aprendizado de técnicas e propriedades, mas de forma alguma eles são suficientes para preparar o aluno competente para o que nossa sociedade espera dele.

Com esse tipo de trabalho os alunos são estimulados a "fazer" matemática. Segundo Braumann (2002), aprender matemática sem a possibilidade da investigação é como tentar andar de bicicleta vendo os outros andarem, recebendo informações sobre como o fazem. "Para verdadeiramente aprender é preciso montar a bicicleta e andar, fazendo erros e aprendendo com eles".

Como vimos neste capítulo, para que as mudanças tão necessárias ocorram no ensino da matemática, muitas ações devem ser realizadas. É preciso trazer o encantamento para a sala de aula e transgredir as fronteiras que foram criadas entre as disciplinas. Tornar a sala de aula de Matemática um ambiente que encoraje cada vez mais os alunos a propor soluções, explorar possibilidades, levantar hipóteses, justificar seus raciocínios e validar suas próprias conclusões. E é só dessa forma que estaremos abrindo espaço para uma educação mais significativa e dialógica. Como afirmam Anastasiou e Alves (2003, p.14), é preciso superar o aprender em favor do apreender,

> Existe uma diferença entre aprender e apreender, embora nos dois verbos exista a relação entre sujeitos e o conhecimento. O apreender, do latim *apprehendere*, significa segurar, prender, pegar, assimilar mentalmente, entender, compreender, agarrar. Não se trata de um verbo passivo; para apreender é preciso agir, exercitar-se, tomar para si, apropriar-se, entre outros fatores. O verbo aprender, derivado de apreender por síncope, significa tomar conhecimento, reter na memória mediante estudo, receber a informação de...

Apresentaremos, nos próximos três capítulos deste livro, projetos e atividades que você professor poderá desenvolver com seus alunos com vistas à aprendizagem de alguns tópicos do currículo de matemática do ensino médio. Todas essas atividades foram trabalhadas em nossas aulas e foram avaliadas e reelaboradas para serem apresentadas neste livro. Nelas utilizaremos diferentes recursos, dentre eles o computador e a rede mundial de informações (*web*). Além disso, ao longo do texto iremos sugerir livros, *sites*, vídeos, livros paradidáticos, materiais didáticos manipuláveis, jogos, dobraduras de papel e obras de arte, explicando como obtê-los e como utilizá-los para aprofundamento dos conteúdos trabalhados.

Nossa intenção é compartilhar com você, professor, um grande número de iniciativas bem-sucedidas, pesquisas que vêm sendo realizadas em instituições de ensino no Brasil e em outros países, além de trabalhos que estão sendo vivenciados por diferentes grupos que se dedicam à educação matemática. Todos eles têm se dedicado a construir um novo olhar sobre os processos de ensino e de aprendizagem da matemática e a colocar efetivamente em prática as propostas preconizadas pelos PCNEM.

CAPÍTULO 2

FUNÇÕES

Dentre os vários conteúdos matemáticos trabalhados no ensino médio, o conceito de função é o primeiro a ser tratado e, sem dúvida, o mais importante. Ele favorece a integração entre diferentes campos da matemática e está presente nos mais diversos ramos da ciência, sendo uma poderosa ferramenta na modelagem de diversos problemas de diferentes áreas do conhecimento.

Além das conexões internas à própria Matemática, o conceito de função desempenha também papel importante para descrever e estudar através de leitura, interpretação e construção de gráficos, o comportamento de certos fenômenos tanto do cotidiano, como de outras áreas do conhecimento, como Física, Geografia ou Economia. Cabe, portanto, ao ensino de matemática garantir que o aluno adquira certa flexibilidade para lidar com o conceito de função em situações diversas e, nesse sentido, através de uma variedade de situações-problema de matemática e de outras áreas, o aluno pode ser incentivado a buscar a solução, ajustando seus conhecimentos sobre funções para

> construir um modelo para interpretação e investigação em matemática. (PCNEM, 2002, p.255)

Devemos iniciar o estudo das funções introduzindo as ideias intuitivas ligadas a esse conceito, para só depois aprofundá-lo e estudá-lo mais formalmente. Ou seja, devemos apresentar o conceito de função baseado inicialmente na relação de dependência entre duas grandezas, deixando para depois a definição formal apoiada no produto cartesiano e na relação entre dois conjuntos.

É bom lembrar que esse trabalho não deve ser iniciado somente no ensino médio. As atividades que permitirão o desenvolvimento da noção intuitiva de função devem ser trabalhadas desde as séries iniciais do ensino fundamental, utilizando para isso materiais manipuláveis, como jogos, além da construção e interpretação de gráficos e tabelas simples.

Por exemplo, nas séries iniciais quando construímos a tabuada do dois em que relacionamos um número ao seu dobro, estamos implicitamente trabalhando a ideia de função, que é relacionar a cada elemento de um conjunto um único elemento de outro conjunto, que pode ser da mesma natureza do primeiro conjunto, ou não.

À medida que os anos passam, esses alunos entram em contato com um número cada vez maior de situações em que o conceito de função está presente. Há um refinamento das situações e consolidação das ideias até a apresentação da definição formal do conceito, que normalmente é feita no ensino médio.

Um aluno, ao analisar as situações práticas comuns à sua vivência, desenvolve inicialmente a noção de relação unívoca entre variáveis, caracterizando uma função, de modo informal e simples. Ele percebe, por exemplo, que o preço a ser pago em uma conta de luz é função da quantidade de energia consumida, que o custo de uma corrida de táxi é função da distância percorrida, que o consumo de combustível depende da distância percorrida por um automóvel e que o perímetro de um quadrado é função do comprimento do seu lado.

Explorando esse último exemplo, identificamos nele a variação entre duas grandezas: perímetro (P) e medida do lado do quadrado (L).

Esta é uma boa atividade para desenvolver com seus alunos, já que o ponto de partida para o estudo de funções deve ser a identificação da variação entre duas grandezas.

Podemos pedir aos alunos que obtenham a lei matemática que relaciona as grandezas: perímetro (P) e medida do lado do quadrado (L). Para isso, eles inicialmente devem construir e completar uma tabela para representar essa variação.

TABELA 2.1   FUNÇÃO DO PERÍMETRO

Lado do quadrado (L)	1	2	3	4					L
Perímetro (P)	4	8	12						P

Devem perceber que nessa tabela existe uma lei: o perímetro P é obtido multiplicando por 4 a medida do lado do quadrado L, obtendo assim uma relação de interdependência entre essas grandezas, no caso P = 4L. As letras P e L são chamadas **variáveis**. Nessa função o perímetro depende da medida do lado do quadrado, e por isso chamamos P de **variável dependente**, já a medida do lado L, escolhida arbitrariamente, é chamada de **variável independente**.

O reconhecimento de regularidades em situações reais, em sequências numéricas ou em padrões geométricos, é uma habilidade essencial à construção do conceito de função.

Vejamos outros exemplos que podem ser desenvolvidos com seus alunos e onde expressaremos funções gerais a partir de padrões e regularidades. Nesses exemplos iremos fazer uso de expressões algébricas para representar padrões e generalizar resultados, obtendo assim a lei das funções.

EXEMPLO 1

Obtenha a lei da função que relaciona o volume (V) de um cubo ao comprimento de seu lado (L).

Os alunos iniciam a atividade montando uma tabela relacionando o lado do cubo ao seu volume, observam o padrão obtido e generalizam para descobrir a fórmula geral que calculará o volume do cubo, sendo dada qualquer medida de lado, no caso essa lei é dada por $V = L^3$.

Observe que nesse caso as grandezas envolvidas são descritas por elementos de mesma natureza, no caso números. E que a variável dependente é V e a independente é L.

Podemos dar sequência à atividade criando outros questionamentos. Por exemplo: Qual o volume do cubo cujo lado mede 8 cm? (relação direta) E ainda, qual a medida do lado de um cubo sabendo que o volume do cubo é 1000 cm³? (relação inversa)

EXEMPLO 2

Resolva as questões a seguir. Antes tome uma mola com um gancho preso em uma das extremidades. Por meio de um prego, fixe a outra extremidade da mola a uma tábua colocada em posição vertical, conforme o desenho ao lado.

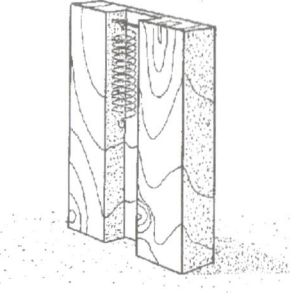

a   Assinale na tábua a posição da extremidade inferior da mola.
b   Coloque um peso no gancho. Marque a nova posição da extremidade inferior da mola.
c   Meça a variação do comprimento da mola.
d   Repita a experiência usando os outros pesos.
e   Preencha o quadro abaixo.
f   É possível estabelecer uma relação entre a variação do comprimento da mola e o peso que a provocou? Explique.

Peso	Variação do comprimento da mola

Nessa atividade o aluno irá relacionar o peso de um objeto com a variação de comprimento por ele provocada em uma mola. Ele deve compreender que quanto maior é o peso colocado na mola, maior também é a variação de comprimento observada.*

EXEMPLO 3

Uma professora realizou uma atividade com seus alunos utilizando canudos de refrigerante para montar figuras, onde cada lado foi representado por um canudo. A quantidade de canudos (C) de cada figura depende da quantidade de quadrados (Q) que formam cada figura. A estrutura de formação das figuras está representada a seguir:

Figura I   Figura II   Figura III

---

* Adaptado do Livro: *Funções*, livro do aluno, volume 1, IMECC – UNICAMP, Campinas – SP, 1974.

Que expressão fornece a quantidade de canudos em função da quantidade de quadrados de cada figura?*

a) C = 4 b)   b) C = 3Q + 1   c) C = 4Q − 1   d) C = Q + 3   e) C = 4Q − 2

Para resolver essa atividade, os alunos precisarão montar uma tabela relacionando a quantidade de canudos à quantidade de quadrados. No caso:

Canudos (C)	4	7	10	13	16				C
Quadrados (Q)	1	2	3	4	5	6	7	8	9	Q

Observar o padrão obtido e generalizar para descobrir a lei que expressa o número de canudos em função do número de quadrados que conseguimos obter em cada figura. No caso C = 3Q + 1. A variável dependente é C e a variável independente é Q. Podemos ampliar essa atividade pedindo aos alunos para determinarem quantos canudos serão necessários para formar uma fileira com 100 quadrados? E quantos quadrados serão formados com 67 canudos? [Q = (C−1)/3]

EXEMPLO 4

Observe a obra do artista Luiz Sacilotto.

Concreção 5629
Esmalte sintético s/alumínio; 60 × 80 cm, 1956.

* ENEM, 2010.

No quadro podem ser identificados diversos triângulos. Nele destacamos alguns:

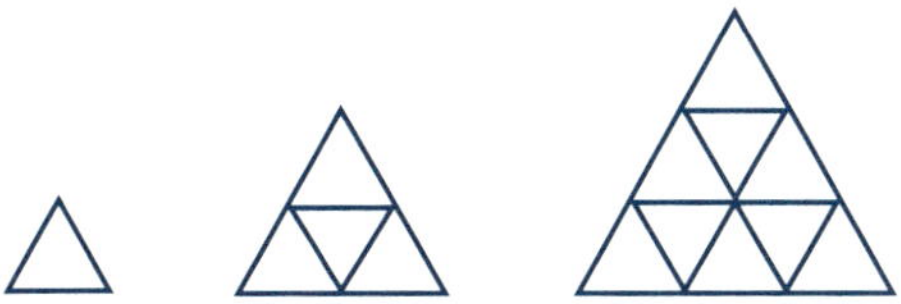

Figura 1   Figura 2   Figura 3

Desenhe a próxima figura da sequência e resolva as questões a seguir:

a   Considerando a figura 1 como unidade de área, qual a área da figura 9 dessa sequência? E a área da figura 25?
b   Qual a expressão que indica a área da figura em função da posição que a figura ocupa na sequência?
c   Qual a posição da figura com área igual a 196 u.a?
d   Considerando o lado da Figura 1 como unidade de comprimento, qual o perímetro da Figura 2? E da Figura 3?
e   Qual a expressão que indica o perímetro de uma figura em função da posição que ocupa na sequência?
f   Qual o perímetro da figura 12? E da figura 20?
g   Qual a posição da figura que tem perímetro igual a 111 u.c?*

EXEMPLO 5

Observe outra obra de Sacilotto.

Sacilotto G187, criada em 1974. Guache sobre papel – 50 × 50 cm.

---

* Livro *Descobrindo matemática na arte*, de Estela Kaufman Fainguelernt e Katia Regina Ashton Nunes. Porto Alegre: Artmed, 2011.

Dela retiramos as seguintes figuras e montamos a sequência:

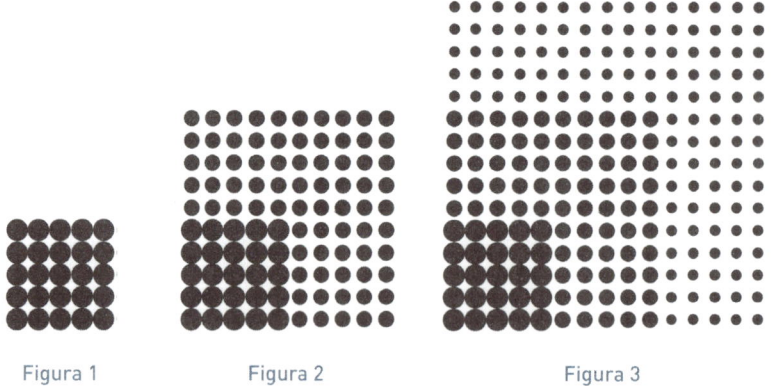

Figura 1   Figura 2   Figura 3

Observe o padrão representado e desenhe a próxima figura da sequência. Depois resolva as questões:

a   Quantas bolas formam a Figura 1? E a 2? E a Figura 3 dessa sequência?
b   Quantas bolas terá a Figura 5 dessa sequência?
c   Qual a expressão que indica o número de bolinhas da figura em função da posição que ela ocupa na sequência?
d   Qual a posição da figura que tem 2500 bolinhas na sequência?

Nos exemplos 4 e 5, podemos ressaltar que as figuras destacadas estão associadas aos três primeiros termos de uma sequência de números. Sequências de números são, por definição, funções do conjunto dos números naturais no conjunto dos números reais.

É bom lembrar aos alunos que quando trabalhamos com as funções nem sempre será possível estabelecer uma expressão algébrica que forneça a relação entre as grandezas envolvidas na situação, isto é, nem sempre existe um padrão que gere essa lei. Em outras situações a lei de correspondência da função é dada por meio de várias sentenças independentes.

EXEMPLO 6

Observe o gráfico a seguir que trata de informações sobre a economia brasileira:

O SALDO COMERCIAL NOS ÚLTIMOS ANOS
(Em bilhões de dólares)

- 2002: 13,122
- 2003: 24,793
- 2004: 33,640
- 2005: 44,709
- 2006: 46,077

Este gráfico, publicado no jornal *O Globo* de 3 de janeiro de 2007, representa o saldo comercial do Brasil de 2002 a 2006. Ele é formado por uma linha poligonal que descreve uma situação geralmente dada por uma tabela. A variável, saldo comercial (variável dependente), está em função da variável independente tempo (ano). Note que o gráfico indica que houve crescimento do saldo comercial entre os anos de 2002 e 2006.

Esse gráfico representa uma função, já que a cada ano está associado um único valor (saldo comercial), mas nesse caso não há como determinar uma única expressão algébrica que descreva essa situação.

O gráfico, na maioria das vezes, permite uma análise mais detalhada da função e revela informações que seriam menos perceptíveis em uma tabela ou fórmula.

Vejamos mais exemplos.

EXEMPLO 7

Quando relacionamos diferentes pessoas, ao seu respectivo tipo sanguíneo, obteremos uma relação que caracteriza uma função, já que todas as pessoas têm apenas, um único tipo sanguíneo. Note que nessa situação a lei de correspondência dessa função não pode ser expressa por uma expressão algébrica.

EXEMPLO 8

Marcos, Joana, Carla e André são alunos da minha turma. Eles faltaram a uma prova e precisaram fazer a segunda chamada. Na tabela abaixo temos a nota que cada um tirou nessa avaliação.

ALUNOS	Marcos	Joana	Carla	André
NOTAS	6,0	7,5	8,0	7,5

Essa situação caracteriza uma função. Note que as grandezas envolvidas – alunos e notas – são de naturezas diferentes, e que as variáveis dependentes são as notas e as independentes são os alunos.

Nesse exemplo também não conseguiremos determinar uma expressão algébrica para definir essa função.

Aqui podemos introduzir a noção *abstrata* de função, ressaltando que para definir uma função necessitamos de três ingredientes: um conjunto de partida que chamamos de **domínio** onde a função é definida, um conjunto de chegada que chamamos de **contra domínio**, que contém o **conjunto imagem** que é o conjunto de valores da função e uma relação entre esses dois conjuntos obedecendo à seguinte regra: todos os pontos do domínio possuem uma única imagem. O conjunto de todos os pares ordenados, formados por elementos do domínio e suas respectivas imagens, é chamado de **gráfico da função**.

No Exemplo 8, o conjunto formado pelos nomes Marcos, Joana, Carla e André é o domínio da função e o conjunto formado pelos números 6,0; 7,5 e 8,0 é o conjunto imagem. Temos ainda o contra domínio, que contém o conjunto imagem, e que nesse caso é o conjunto de todas as notas possíveis entre zero e dez. O gráfico é o conjunto dos pares (Marcos; 6,0); (Joana; 7,5); (Carla, 8,0) e (André, 7,5).

No Exemplo 6 utilizamos a palavra *gráfico* onde deveria ser utilizada a expressão desenho do gráfico em eixos ortogonais. Este abuso de linguagem aparece em muitos textos e será aqui também adotado.

EXEMPLO 9

Construir o gráfico da função do Exemplo 1, cuja lei é $V = L^3$, relacionando o volume (V) de um cubo ao comprimento de seu lado (L).

Considere inicialmente como domínio da função o conjunto dos números naturais N e depois refaça a atividade considerando como domínio o conjunto dos reais positivos R_+. Comparar os gráficos obtidos.

No primeiro caso (D = N), para construírem a tabela, os alunos poderão atribuir para a variável L qualquer número natural e no segundo caso (D = R_+) podem atribuir para a variável L qualquer valor real positivo.

Os alunos devem perceber durante a construção que no segundo caso devemos traçar o gráfico como uma linha contínua, uma curva, mas que este não pode ser feito quando tomamos D= N, pois, nesse caso, consideramos a medida do lado apenas um número natural, obtendo assim pontos isolados.

Tabelas, diagramas, fórmulas e gráficos são formas comuns utilizadas para representar uma função, como foi ilustrado nas situações apresentadas até o momento e na maioria dos livros-texto.

Durante o estudo deste conceito, devemos explorar todos esses tipos de representações. Devemos integrar os aspectos algébricos, visuais e numéricos.

Uma outra atividade interessante e muito importante é pedir aos alunos para que, em grupos, pesquisem como o conceito de função se desenvolveu ao longo dos anos até chegar à definição que adotamos nos dias atuais.

A História da Matemática é um valioso recurso metodológico para os processos de ensino e de aprendizagem da matemática. A descoberta dos novos conceitos e resultados está sempre ligada aos fatos históricos ocorridos.

> O conhecimento matemático deve ser apresentado aos alunos como historicamente construído e em permanente evolução. O contexto histórico possibilita ver a Matemática em sua prática filosófica, cien-

tífica e social e contribui para a compreensão do lugar que ele tem no mundo. (PCN, 1997, p.19)

Essa importância é reforçada por Portanova (2001, p.74-75) ao afirmar que:

> Entre os educadores de matemática tem sido unânime a opinião de que precisamos trabalhar com o nosso aluno de sala de aula, ou em nossas pesquisas, com a História da matemática. Trabalhar com conceitos e sua origem histórica e com suas possíveis aplicações.

Os alunos, ao trabalhar com o conceito de função, também precisam perceber que existem relações do cotidiano que não são funções. Podemos ter um domínio, um contra domínio e uma lei que associa a pelo menos um elemento do domínio mais de uma imagem ou ainda uma situação em que a lei não se aplica a todos os elementos do domínio. Por exemplo, a relação que associa a cada time de futebol o seu torcedor não é uma função, pois, a cada um dos times está associado um grande número de torcedores. Já a relação que associa a cada pessoa um dos seus irmãos também não é uma relação funcional, pois existem pessoas que não têm irmão.

Uma atividade interessante nesse momento é solicitar que os alunos pesquisem, em jornais e revistas, e outras mídias, exemplos de relações que não sejam funções. Podemos pedir também que descubram funções e/ou gráficos de funções e que façam uma descrição da variação entre as grandezas envolvidas em cada exemplo, determinando ao final, o domínio e o conjunto imagem.

Daqui para a frente vamos nos restringir ao estudo de funções cujo domínio e contra domínio são subconjuntos dos números reais, cujas leis são dadas por expressões algébricas.

Muitos são os exemplos e os tipos de funções que trabalhamos no ensino médio, entre elas as funções afins, quadráticas, modulares, exponenciais, logarítmicas e trigonométricas. Como falamos na introdução do livro, nossa intenção não é desenvolver todos os conteúdos presentes no currículo do ensino médio (e nem podia ser diferente), e sim dar sugestões, dicas e fazer observações, sobre alguns desses temas, para que você, professor, possa enriquecer o seu trabalho em sala de aula.

A partir de agora nosso foco estará centrado em sugerir algumas atividades que podem ser desenvolvidas, por seus alunos, durante o estudo das funções afins e quadráticas e, ao final, iremos sugerir uma atividade envolvendo fractais, um tema atual e muito importante.

Para trabalhar tanto com a função afim quanto com a função quadrática sugerimos que você, professor, crie atividades investigativas que dinamizem as aulas, despertando assim o interesse dos alunos. As atividades investigativas requerem um tempo maior para seu desenvolvimento, uma vez que para resolvê-las os alunos deverão criar diferentes estratégias de solução. Mas as vantagens também serão enormes. Nesse processo, o aluno constrói o seu próprio conhecimento acerca do tema e não repete modelos prontos.

> [...] as investigações matemáticas devem ocupar um lugar importante ao nível da experiência matemática dos alunos uma vez que elas proporcionam a vivência de processos característicos da Matemática – formular questões e conjecturas, testar conjecturas e procurar argumentos que demonstrem as conjecturas que resistiram a sucessivos testes – e têm importantes potencialidades educacionais, por exemplo, estimulam o tipo de participação dos alunos que favorece uma aprendizagem significativa, proporcionam pontos de entrada diferentes facilitando o envolvimento de alunos com diferentes níveis de competências e o reconhecimento e/ou estabelecimento de conexões. (Santos et al., 2002, p. 84)

Segundo essa abordagem, o aluno terá oportunidade de criar hipóteses e testá-las.

As atividades que vamos sugerir envolvem o desenho de gráficos. Entretanto, se os alunos construírem todos os gráficos manualmente, com lápis e papel, isso pode ser muito cansativo e demorado e tirar a motivação e o foco da atividade. Daí a importância de se utilizar com essas atividades as ferramentas computacionais, já que com elas, essas construções seriam executadas com mais rapidez e eficiência. Além disso, quando utilizamos somente lápis e papel, as funções dadas precisam ser limitadas a exemplos muito simples, como os apresentados na maioria dos livros textos, o que muitas vezes não leva os aprendizes a generalizarem, e o que torna a conexão com contextos reais quase impossível. Graças à tecnologia, podemos explorar contextos mais complexos, que desenvolvam a interpretação e o raciocínio lógico dos alunos.

O uso das tecnologias de informação e comunicação ampliam a eficácia do ensino e ajudam a desenvolver no aluno o senso crítico, o pensamento hipotético e dedutivo, a capacidade de observação e de pesquisa.

Vários são os *softwares computacionais livres* que podemos utilizar nesse trabalho. Você pode escolher o que lhe for mais familiar e disponível. Um *software* muito adotado é o *Winplot*, um programa para fazer gráfico de funções, definidas em um certo intervalo a partir de suas leis. Ele permite a construção simultânea de gráficos, possibilita a construção de gráficos em duas e três dimensões e ainda que se trabalhe com operações de funções. O *Winplot* é um *software* livre, isto é, ele pode ser encontrado gratuitamente na internet. Ele é compacto (ocupa pouca memória) e de fácil manuseio. Foi desenvolvido pelo professor norte-americano Richard Parris, da Phillipis Exeter Academy, na década de 1980.

Similar ao *Winplot*, é o *software Graphmatica*, uma criação do bacharel em engenharia elétrica e ciência da computação pela UC Berkeley, Keith Hertzer.

Você pode obter uma versão em português desses dois *softwares* no endereço da Universidade Federal do Rio Grande do Sul (UFRGS) http://www2.mat.ufrgs.br/edumatec/softwares/soft_funcoes.php.

É importante ressaltar que o computador não deve ser utilizado como único recurso, mas sim figurar como um item dentro de uma abordagem pedagógica ampla. É preciso criar, em sala de aula, um ambiente de aprendizagem que facilite a construção do conhecimento pelo aluno e o desenvolvimento de diferentes habilidades. Mas isso não depende só do *software* escolhido. Para o estabelecimento desse ambiente é fundamental a ação do professor como disparador ou dinamizador da atividade.

●● FUNÇÃO AFIM

Como dito anteriormente, o tema função afim será apresentado a partir de atividades investigativas. Nesse tipo de trabalho o aluno tem a oportunidade de verificar se as hipóteses levantadas por ele são verdadeiras e, se não forem, ele tem a chance de usar o próprio erro para fazer novas descobertas. Assim, o aluno além construir os seus conhecimentos acerca do assunto de forma significativa, ele desenvolve também a criticidade, a criatividade e a autonomia, habilidades fundamentais.

Sugerimos que todas as atividades propostas sejam realizadas em pequenos grupos e que, durante todo o processo, os alunos registrem suas etapas de resolução, dúvidas e conclusões.

Ao final dessas atividades o professor deve promover um debate para socializar as diferentes descobertas feitas pelos grupos. Nesse momento é oportuno que haja a sistematização dos conceitos matemáticos que foram foco do trabalho.

ATIVIDADES

1 Sabendo que um veículo roda 8 km com 1 litro de gasolina, que seu tanque comporta 40 litros e que o consumo de gasolina por quilômetro rodado é constante. Observe a tabela abaixo e depois responda às questões:

CONSUMO DE LITROS	QUILÔMETROS RODADOS
0	0
0,5	4
1,0	8
1,5	12
2,0	16
4,0	32
5,0	40
10	80
20	160
40	320

a   Que grandezas estão envolvidas na atividade?
b   À medida que aumenta o consumo de gasolina, aumenta também o número de km rodados?
c   Em cada linha da tabela, a partir da segunda, qual é o quociente entre os elementos da segunda coluna pelos da primeira?
d   O valor obtido no item (c) é constante? As grandezas envolvidas na atividade são proporcionais?
e   A relação que associa essas grandezas é uma função?
f   Admitindo que o tanque estava vazio e, que foi completado somente uma vez, quais são os valores possíveis que a grandeza consumo de litros assume?
g   Use x para representar o número de litros de gasolina consumidos e y para representar o correspondente número de km rodados. Observe a tabela e escreva a sentença matemática que representa a relação entre y e x.
h   Desenhe no sistema de eixos ortogonais o gráfico dessa relação, marcando no eixo horizontal os valores de x e no eixo vertical os valores de y.
i   Qual o domínio e a imagem dessa relação?

COMENTÁRIOS

Analisando a tabela que representa essa situação, podemos observar que, para cada quantidade de litros consumidos, existe em correspondência uma única quantidade de quilômetros rodados, ou seja, a quantidade de quilômetros rodados é função da quantidade de litros consumidos.

Ao examinar os pares de valores da tabela, podemos perceber que a razão entre a quantidade de quilômetros rodados e a quantidade de litros consumidos em todas as linhas é igual a 8.

$4/0,5 = 8$ $8/1 = 8$ $12/1,5 = 8$ ...

Também podemos observar que quanto maior o número de litros consumidos (x), maior a quantidade de quilômetros rodados (y). Quando dobramos x, dobramos y, quando triplicamos x, triplicamos y, e assim por diante.

Então podemos concluir que essas grandezas são grandezas diretamente proporcionais.

A lei dessa função é dada pela expressão algébrica y = 8x. O domínio dessa função é o conjunto formado por todas as possíveis quantidades de gasolina, isto é, é o conjunto {x em R | 0 ≤ x ≤ 40} = [0; 40]. O desenho do gráfico é o segmento de reta compreendido entre os pontos (0, 0) e (40, 320). A imagem é o intervalo [0; 320].

Nesta atividade, o desenho do gráfico é um segmento de reta passando pela origem das coordenadas.

Professor, nesse momento, é importante chamar a atenção do aluno para o fato que a lei que relaciona as coordenadas de todos os pontos da reta que contém este segmento é a mesma: y = 8x. Fica definida a função f : R em R dada por y = 8x. Este é o nosso primeiro exemplo de uma função afim. Na verdade um tipo especial de função afim, que é a *função linear*.

Note que no exemplo acima, cada vez que o consumo de litros varia de uma unidade a variação de quilômetros rodados é de 8. Observe a tabela. Temos, por exemplo, na primeira coluna x_1 = 1 e x_2 = 2 e associado a ela os valores $f(x_1)$ = 8 e $f(x_2)$ = 16 e isso acontecerá sempre.

A principal característica de uma função afim, f é que a acréscimos iguais dados a x correspondem acréscimos iguais para f(x).

De modo geral, quando uma grandeza y é função de uma grandeza x e tal que para cada par de valores (x, y) se observa que o quociente y/x = k é constante, as duas grandezas são ditas diretamente proporcionais, e a função y = f(x) é uma chamada de função LINEAR.

2 Resolva a seguinte questão do Enem 2004.

VENDEDORES JOVENS
Fábrica de LONAS – Vendas no Atacado
10 vagas para estudantes, 18 a 20 anos, sem experiência.
Salário: R$ 300,00 fixo + comissão de R$ 0,50 por m^2 vendido.
Contato: 0xx97-43421167 ou atacadista@lonaboa.com.br

Na seleção para as vagas desse anúncio, feita por telefone ou correio eletrônico, propunha-se aos candidatos uma questão a ser resolvida na hora. Deveriam calcular seu salário no primeiro mês, se vendessem 500 m de tecido com largura de 1,40 m, e no segundo mês, se vendessem o dobro. Foram bem-sucedidos os jovens que responderam, respectivamente,

a   R$ 300,00 e R$ 500,00.
b   R$ 550,00 e R$ 850,00.
c   R$ 650,00 e R$ 1000,00.
d   R$ 650,00 e R$ 1300,00.
e   R$ 950,00 e R$ 1900,00.

COMENTÁRIO

A função que modela este problema é a restrição de uma função afim, a saber:

Y = 0,50 X + 300

Onde X = quantidade de tecido vendida (em m^2) varia no intervalo [0, +infinito), Y = salário recebido, variando a partir de R$ 300,00.

Como no exemplo anterior, devemos observar que é possível estender a função do modelo a toda a reta, com a mesma lei funcional:

F de R em R, definida por F(X) = 0,50 X + 300

Diferentemente do exemplo anterior, essa função afim não é uma função linear. Seu gráfico não passa pela origem das coordenadas. Todavia, continua valendo o princípio fundamental, segundo o qual acréscimos iguais dados a X correspondem acréscimos iguais para Y = F(X).

Professor, nos dois exemplos anteriores, apresentamos a noção de função afim de forma contextualizada. A seguir proporemos atividades investigativas para os alunos, utilizando funções afins em situações não contextualizadas. Recomendamos que seja pedido aos alunos que observem e discutam com seus parceiros os efeitos produzidos nos gráficos da função afim quando se realizam algumas alterações nos coeficientes dessa função.

3 Construa o gráfico da função afim y = x, e determine:

a   os coeficientes *a* e *b*.
b   o ângulo (sentido anti-horário) que a reta, gráfico dessa função, faz com o eixo das abscissas.

O gráfico dessa função é:

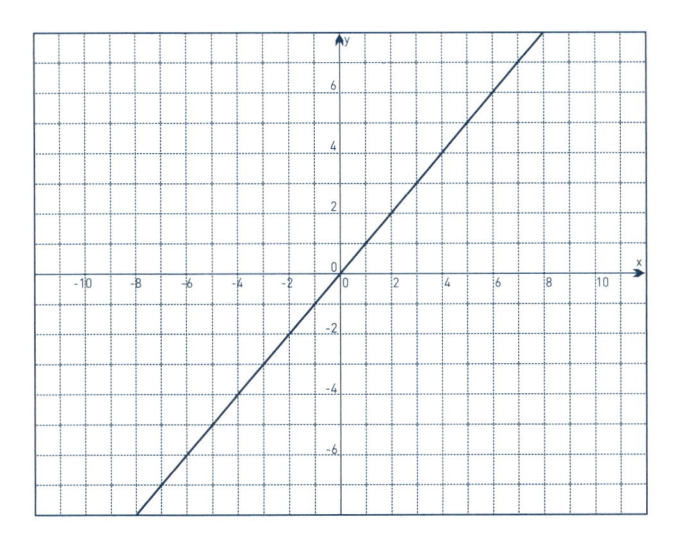

Observe que o gráfico é uma reta que passa pela origem do sistema cartesiano ortogonal. Essa função é denominada de **função identidade**.

O valor de a = 1 e o valor de b = 0. Observe que os pares (1;1), (2;2), (3;3), (-5;-5) pertencem a essa reta.

Note que o gráfico de y = x é uma reta que é bissetriz do 1º e 3º quadrantes do sistema cartesiano ortogonal, logo essa reta forma com o eixo do x um ângulo de 45°.

Alternativamente, podemos determinar esse ângulo considerando, por exemplo, o ponto A de coordenadas (5;5) e o ponto B de coordenadas (5;0) e o triângulo retângulo ABO retângulo em B. Note que o ângulo α que a reta y = x faz e com o eixo do x pode ser determinado através da relação $\frac{AB}{OB} = \frac{sen\alpha}{cos\alpha}$ = tg α = 5/5 = 1, concluindo que α é igual a 45°.

Foi fundamental a escolha dos pontos (5,5) e (5,0)? Você poderia chegar a mesma conclusão usando outros dois pontos? Se sua resposta for sim, dê um exemplo.

Nas próximas atividades o aluno irá realizar conjecturas sobre o comportamento dos gráficos das funções quando variamos um ou os dois parâmetros a e b e irá conseguir verificar imediatamente os efeitos produzidos no gráfico, quando essas modificações são introduzidas na lei da função.

Por meio da comparação entre os diversos gráficos, os alunos poderão inferir diferentes propriedades de uma função afim de fórmula geral y = ax + b, dentre elas, as de crescimento (a > 0) ou decrescimento (a < 0) da função a partir do sinal do coeficiente **a** ou da representação gráfica.

4 Construa, em um mesmo sistema de eixos e com cores diferentes, alguns gráficos de funções y = ax, a > 1. Depois:

a Determine para cada função, o coeficiente *a*.
b Determine agora o ângulo no sentido anti-horário, formado entre cada uma das retas que representa cada uma dessas funções, e o eixo das abscissas, OX. Compare com o gráfico de y = x, construído anteriormente, o que você pode observar?

5 Trace, no mesmo sistema de eixos e com cores diferentes, os gráficos das funções y = ax, com **a** assumindo valores entre 0 e 1. Determine em cada função, o coeficiente *a*.

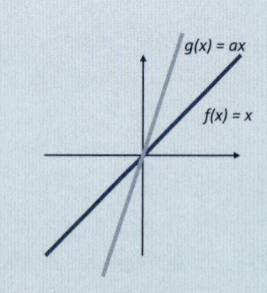

Ocorreu uma rotação do gráfico de y = x em relação à origem do sistema de eixos (sentido anti-horário).

6 Determine agora o ângulo, no sentido anti-horário, formado entre cada uma das retas que representa cada uma dessas funções e o eixo OX. Compare com o gráfico de y = x, o que você pode observar?

7 Trace o gráfico da função afim y = -x. Determine os coeficientes *a* e *b*.

8 Trace, em um mesmo sistema de eixos e com cores diferentes, os gráficos das funções y = ax, sendo a < -1. Determine o ângulo no sentido anti-horário formado entre cada uma das retas que representa cada uma dessas funções, e o eixo OX. Compare com o gráfico de y = -x, o que você pode observar?

f(x) = x
g(x) = ax

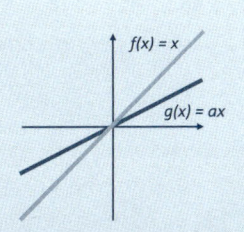

Ocorreu uma rotação do gráfico de y = x em relação à origem do sistema de eixos (sentido horário).

Nesses gráficos percebe-se que:

Se a > 0 quanto maior o seu valor mais o gráfico se aproxima do eixo das ordenadas, e quanto menor, mais o gráfico se aproxima do eixo das abscissas. Nesse caso o ângulo que essas retas fazem com o eixo x é um ângulo agudo.

9 Trace, no mesmo sistema de eixos e com cores diferentes, os gráficos das funções y = ax, com **a** assumindo valores entre 0 e -1. Determine o ângulo no sentido anti-horário formado entre cada uma das retas que representa cada uma dessas funções, e o eixo OX. Compare com o gráfico de y = -x, o que você pode observar?

Se a < 0 quanto maior o seu valor mais o gráfico se aproxima do eixo das abscissas, e quanto menor, mais o gráfico se aproxima do eixo das ordenadas. Nesse caso o ângulo que essas retas fazem com o eixo x é um ângulo obtuso.

10 Analise as questões anteriores, o que você pode concluir sobre o gráfico da função y = ax, a ≠ 0?

11 Todos os gráficos que você traçou anteriormente têm um ponto em comum, que ponto é esse?

12 Trace, no mesmo sistema de eixos e com cores diferentes, gráficos das funções y = ax + b, com a > 0 e **b** fixo. O que você pode observar? Ao aumentar os valores de x, o que acontece com os valores de y? Nesse caso a função é chamada **função crescente**.

13 Trace, no mesmo sistema de eixos e com cores diferentes, gráficos das funções y = ax + b, com **a** < 0, e **b** fixo. O que você pode observar? Ao aumentar os valores de x, o que acontece com os valores de y? Nesse caso a função é chamada **função decrescente**.

Note que nas atividades 12 e 13, o coeficiente **a** esteve sempre associado à inclinação da reta, ou seja, associado ao ângulo no sentido anti-horário formado entre cada uma das retas que representa cada uma dessas funções, e o eixo OX. Ele é chamado **coeficiente angular**. Como vimos anteriormente, o seu sinal é que determina o crescimento ou o decrescimento da função afim.

14 Trace, no mesmo sistema de eixos e com cores diferentes, os gráficos das funções y = ax + b, com a > 0, fixo. Varie o coeficiente b, atribuindo a ele, valores positivos, negativos ou o valor zero. O que você observou? Note que o ângulo sentido anti-horário formado entre cada uma das retas que representa cada uma dessas funções, e o eixo OX tem a mesma medida. Qual a posição relativa dessas retas?

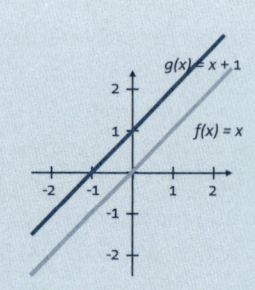

Quando adicionamos uma constante b positiva efetuamos uma translação do gráfico b unidade para cima. No exemplo tomamos a = b = 1.

15 Como obter o gráfico das funções y = ax + b, com a > 0, fixo e b positivo, a partir do gráfico de y = ax?

Em geral, para obter o gráfico de y = ax + b basta transladar o gráfico de y = ax verticalmente |b| unidades para cima (b > 0) ou para baixo (b < 0).

16 Como obter o gráfico das funções y = ax + b, com a > 0, fixo e b negativo, a partir do gráfico de y = ax?

17 Um caso particular da função afim y = ax + b é quando a = 0. Nesse caso a função recebe o nome de **função constante**. E o gráfico da função é:

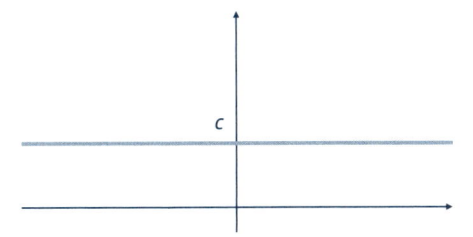

[gráfico com reta horizontal passando por c]

Trace o gráfico de função y = -5.

18 Em que ponto cada reta intercepta o eixo das ordenadas OY quando variamos o coeficiente b?

19 O coeficiente **b** é denominado **coeficiente linear** da função. Nas questões de 3 até 10, qual o coeficiente linear de todas as funções? Note que todos esses gráficos passam pelo ponto (0,0), origem das coordenadas. Nesse caso a função afim recebe o nome de **função linear**.

A função identicamente nula é linear.

Note que a função identidade é linear e a função constante não é linear.

20 Trace, no mesmo sistema de eixos e com cores diferentes, os gráficos das funções y = ax e y = -ax, **a** ≠ 0, fixo. O que você pode observar? Qual a posição relativa desse par de retas?

Ocorreu reflexão do gráfico da função em relação ao eixo OY.

21 As retas da atividade anterior são simétricas em relação ao eixo OY? E em relação ao eixo OX?

22 Indique as condições sobre os coeficientes lineares e angulares de 2 funções afins quaisquer para que seus gráficos sejam retas concorrentes.

23 Pesquise o que é o zero de uma função afim e depois descubra qual a relação existente entre esse valor e o ponto que a reta corta o eixo OX.

24 Trace, no mesmo sistema de eixos e com cores diferentes, os gráficos das funções $y = ax + b$, tomando **b** fixo e variando o coeficiente **a**, $a \neq 0$. Em cada caso determine o domínio e o conjunto imagem de cada uma das funções. Há mudanças no domínio e no conjunto imagem dessas funções? Quais?

25 Trace, no mesmo sistema de eixos e com cores diferentes, os gráficos das funções $y = ax + b$, tomando a fixo, $a \neq 0$, e variando o coeficiente b. Em cada caso, determine o domínio e o conjunto imagem de cada um das funções. Há mudanças no domínio e no conjunto imagem dessas funções? Quais?

26 Faça um pequeno resumo escrito de suas descobertas sobre a função afim.

A partir de agora você irá aplicar em exercícios os conceitos construídos nas atividades anteriores.

27 Como obter o gráfico de $y = 2x + 5$ a partir do gráfico de $y = 2x - 4$?

28 Como obter o gráfico de $y = -2x + 5$ a partir do gráfico de $y = 2x + 5$?

29 E como obter o gráfico de y = -2x + 7 a partir do gráfico de y = 2x + 5?

30 Interpretando o gráfico dado a seguir responda:

a   Esse gráfico representa uma função afim? Por quê?
b   Qual a imagem de x = -2?
c   Quais são as coordenadas do ponto onde a reta corta o eixo OX?
d   Quais as coordenadas do ponto onde a reta corta o eixo OY?
e   Note que a reta forma com o eixo dos x um ângulo obtuso. Essa função é crescente ou decrescente?
f   Qual a lei da função?
g   Qual o valor do coeficiente angular e do coeficiente linear dessa função?
h   Como obter esse gráfico a partir do gráfico da função y = -x?

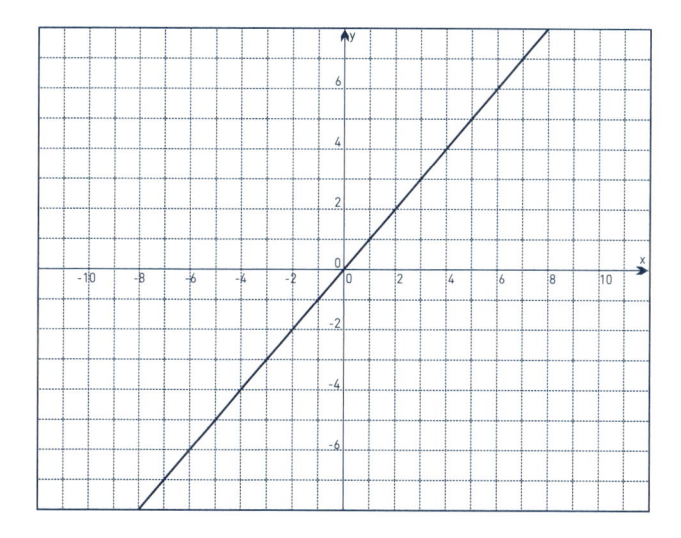

31 Pesquise exemplos de aplicação do conteúdo de função afim no campo da química, da física, da biologia e monte ao final uma explanação. Cabe, a cada grupo de alunos, escolher a forma de apresentação e recursos a serem utilizados.

Função afim/progressão aritmética (PA)

Quando posteriormente o aluno for estudar as Progressões Aritméticas (PA), será importante destacar a relação existente entre esse assunto e as funções afins.

Uma função afim f(x) = ax + b transforma uma PA em uma outra PA. Essa propriedade caracteriza a função afim, ou seja, se uma função tem essa propriedade ela é considerada afim e, se ela for afim, terá essa propriedade.

Para compreender melhor essa afirmativa tomemos como exemplo a sequência numérica 1, 6, 11, 16, 21,..... Ela é uma PA de razão r = 5. Consideremos agora, também como exemplo, a função afim f: R em R definida por f(x)= 2x + 3

Ressaltamos que as sequências são funções cujo domínio são os naturais e o contradomínio o conjunto dos reais.

Note que a sequência f(1) = 5, f(6) = 15, f(11) = 25, f(16) = 35, f(21) = 45... é também uma PA. O que muda nesse caso é que agora a razão dessa PA é igual a 10 (que é o valor do coeficiente **a** da função multiplicado pela razão da sequência inicial).

Generalizando

Se f de R em R é uma função afim definida por f(x) = ax + b e (x_1, x_2, x_3,....., x_{i},...) é uma PA de razão **r**, então f(x_1), f(x_2), f(x_3),...f(x_i),... também é uma PA e sua razão é **a . r**.

E, reciprocamente, se uma função crescente ou decrescente, f de R em R, transforma qualquer PA (x_1, x_2, x_3,....., x_i,...) em uma outra PA (f(x_1), f(x_2), f(x_3),...f(x_i),...), então f é uma função afim.

32 Seja A o conjunto dos múltiplos de 3 e f uma função de A em B definida por f(x) = 2x -1. Determine o conjunto B. Os elementos do conjunto A formam uma progressão aritmética? E os elementos do conjunto B formam uma progressão aritmética? Justifique suas respostas.

Antes de finalizar o tema funções afins recomendamos que você, professor, conheça um trabalho desenvolvido na Universidade Federal Fluminense, Niterói, RJ. Esse trabalho pode ser acessado em http://www.uff.br/cdme/afim/afim-html/AP1.html, sob o título *Variação da função afim*. Ele foi desenvolvido pelo professor Wanderley Moura Rezende, e nele é utilizado o *software* livre *GeoGebra*, criado por Markus Hohenwarter, e tem a vantagem didática de apresentar, ao mesmo tempo, duas representações diferentes de um mesmo objeto que interagem entre si: sua representação geométrica e sua representação algébrica.

FUNÇÃO QUADRÁTICA

ATIVIDADES

33 Antigamente, achava-se que a velocidade com que um corpo em queda livre, partindo do repouso, alcançava o solo era proporcional à altura de queda.

v = k . d

(v = velociodade ao colidir com solo, d = altura da queda e k = constante de proporcionalidade).

É claro que a fórmula acima é equivalente a

d = (1/k) . v

ou seja, a distância era proporcional à velocidade com que o corpo alcançava o solo.

Isso não é verdade. Galileu provou que a distância percorrida variava com o tempo gasto no percurso.

O objetivo dessa atividade é descobrir *de que modo* a distância percorrida depende do tempo.

Em uma experiência, foram efetuadas medições de espaço e tempo relacionados à queda livre de um objeto. Os resultados estão anotados na tabela a seguir.

a À medida que aumenta o tempo, aumenta também o espaço percorrido?
b Em cada linha da tabela, a partir da segunda o quociente entre os elementos da primeira coluna pelos da segunda é constante?
c As grandezas envolvidas na atividade são diretamente proporcionais?
d A relação que associa essas grandezas é uma função?
e Se x representa os números da segunda coluna da tabela e y representa os números da primeira coluna, determine se y é proporcional a x^2.
f Qual o valor numérico da constante de proporcionalidade?
g Observe a tabela e escreva a sentença matemática que representa a relação entre y e x.
h Desenhe no sistema de eixos ortogonais o gráfico dessa relação, marcando no eixo horizontal os valores de x e no eixo vertical os valores de y.
i Qual o domínio e a imagem dessa relação?

ESPAÇO	TEMPO
0	0
4,9	1
19,6	2
44,1	3
78,4	4
122,5	5

COMENTÁRIO

O quociente entre os elementos da primeira coluna pelos da segunda não é constante, o que indica que as grandezas envolvidas não são diretamente proporcionais.

O estudante irá verificar que existe uma proporcionalidade direta entre y e x^2, sendo 4,9 o valor da constante de proporcionalidade.

Como $y/x^2 = 4,9$, tem-se, nessa situação, uma função representada pela relação $y = 4,9x^2$

A lei dessa função é dada pela expressão algébrica $y = 4,9x^2$ O domínio dessa função é o conjunto formado por todos os possíveis valores atribuídos para a variável tempo, no caso, o conjunto R_+. A imagem é o conjunto de todos os possíveis valores atribuídos para a variável espaço, no caso, o conjunto R_+.

Nesta atividade, o desenho do gráfico é representado no primeiro quadrante do plano cartesiano.

Nesse momento, é importante chamar a atenção do aluno para o fato que a lei da função $y = 4,9x^2$ está bem definida para valores negativos de x, mesmo não fazendo sentido fisicamente.

Podemos definir a função $f : R$ em R dada por $y = 4,9x^2$. Este é o nosso primeiro exemplo de uma função quadrática.

Professor, no exemplo anterior, apresentamos a noção de função quadrática de forma contextualizada. A seguir proporemos atividades investigativas para os alunos, utilizando funções quadráticas em situações não contextualizadas. Recomendamos que seja pedido aos alunos que observem e discutam com seus parceiros os efeitos produzidos nos gráficos da função quadrática quando se realizam algumas alterações nos coeficientes dessa função.

Iremos agora propor, como dito anteriormente, algumas atividades investigativas para explorar o tema funções quadráticas. Essas atividades podem ser realizadas com lápis e papel ou ainda papel quadriculado, mas o ideal é resolvê-las com o uso do computador, que possibilita os alunos analisarem as implicações entre as representações gráfica e algébrica e a visualização simultânea de vários gráficos.

Sugerimos ainda que essas atividades sejam realizadas em pequenos grupos, já que o trabalho em grupo permite o confronto de ideias, gerando assim novas hipóteses e conjecturas. Cabe ao professor durante o processo provocar momentos em que as conjecturas sejam debatidas por todos os grupos e que ao final do percurso sejam feitas as sistematizações necessárias para a aquisição e fixação do conceito.

Nas atividades, pedimos aos alunos que observem e discutam com seus parceiros os efeitos produzidos no gráfico da função quadrática de fórmula geral $y = ax^2 + bx + c$ quando se alteram determinados coeficientes dessa função.

ATIVIDADES

34 Construa o gráfico da função quadrática $y = x^2$ e o gráfico de $y = -x^2$. Determine em cada caso os coeficientes **a**, **b** e **c**.

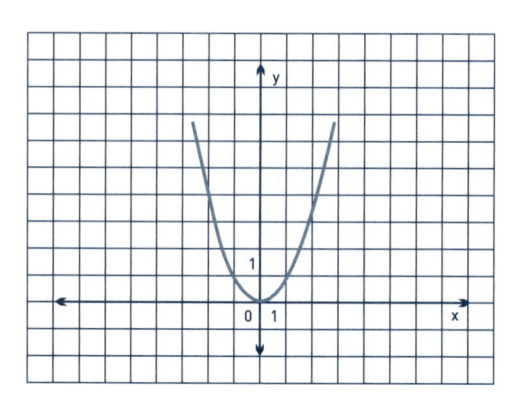

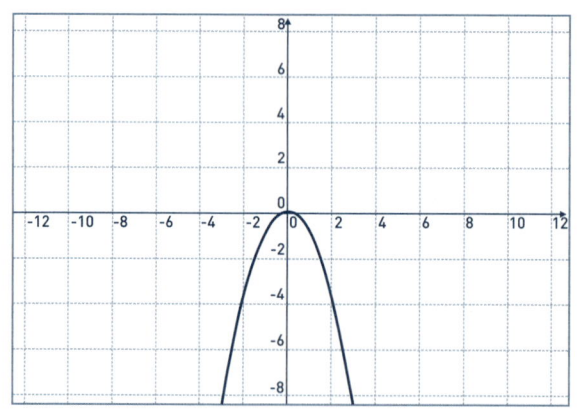

Na função $y = x^2$ o valor de $a = 1$ e o valor de $b = c = 0$. Observe que os pares (1;1), (-1;1), (2;4), (-2;4) pertencem a essa curva.

Na função quadrática $y = -x^2$ o valor de $a = -1$ e o valor de $b = c = 0$. Observe que os pares (1;-1), (-1;-1), (2;-4), (-2;-4) pertencem a essa curva.

Note que o eixo das ordenadas, OY, é eixo de simetria do gráfico das duas funções. E que o vértice dessas parábolas é igual à origem das coordenadas, isto é, é igual ao ponto (0,0).

35 Trace, em um mesmo sistema de eixos e com cores diferentes, os gráficos das funções y = x² + c. Faça variar o valor do coeficiente **c**. O que você pode observar?

36 Determine as coordenadas dos vértices de cada uma das parábolas construídas na atividade 35. Compare.

37 O que você pode dizer sobre as ordenadas dos vértices de cada uma das parábolas construídas na atividade 35?

38 Observe os pontos de intersecção de cada uma dessas parábolas com o eixo OY. O que você pode concluir?

39 Todas as parábolas que você traçou têm o mesmo eixo de simetria? Se sua resposta for afirmativa, diga qual é esse eixo.

40 Como podemos obter os gráficos de y = x² + c a partir do gráfico de y = x²? Analise inicialmente para c > 0 e depois para c < 0.

41 Trace, em um mesmo sistema de eixos e com cores diferentes, os gráficos das funções y = ax², a positivo. Note que nesse caso b = c = 0. Faça variar os valores do coeficiente **a**, atribuindo a ele apenas valores positivos. Observe que em todos os gráficos a concavidade da parábola é voltada para cima.

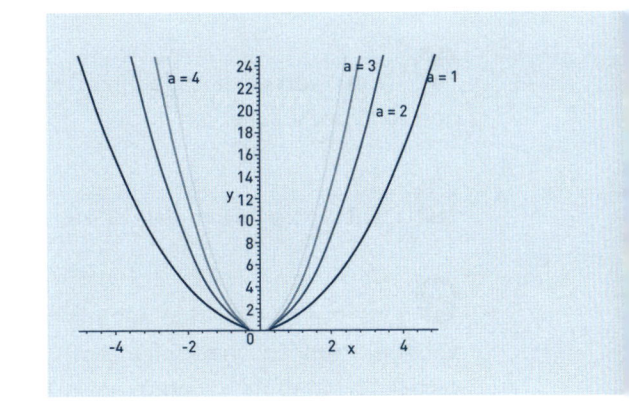

42 O que você pode observar quando compara o gráfico de y = x² com os gráficos de y = ax² que tem o coeficiente **a** assumindo valores maiores do que 1? E quando compara esse gráfico com os demais gráficos que tem **a** assumido valores entre 0 e 1?

43 Qual o vértice de cada uma das parábolas construídas na atividade 41? Compare. O que você pode observar?

44 Qual o eixo de simetria de cada uma dessas parábolas?

45 Observe que quando a > 0, a concavidade da parábola é voltada para cima e a função quadrática tem um valor mínimo. Que valor é esse? O vértice da parábola é o ponto de mínimo da função.

46 Trace, em um mesmo sistema de eixos e com cores diferentes, os gráficos das funções y = ax², **a** negativo. Faça variar os valores do coeficiente **a**, atribuindo a ele apenas valores negativos. Observe que em todos os gráficos a concavidade da parábola é voltada para baixo.

47 O que você pode observar quando compara o gráfico de y = – x² e os gráficos que têm o coeficiente **a** assumindo valores menores do que -1? E quando compara o gráfico de y = – x² com os demais gráficos que têm **a** assumido valores entre 0 e -1?

48 Qual o vértice de cada uma das parábolas da atividade 46? Compare. O que você pode observar?

49 Qual o eixo de simetria de cada uma das parábolas?

50 Observe que quando a < 0, a concavidade da parábola é voltada para baixo e a função quadrática tem um valor máximo. Que valor é esse? O vértice da parábola é o ponto de máximo da função.

51 Trace, em um mesmo sistema de eixos e com cores diferentes, os gráficos das funções $y = ax^2$ e $y = -ax^2$. O que você pode observar?

52 Como o gráfico de $y = -ax^2$ pode ser obtido a partir do gráfico de $y = ax^2$?

53 A partir da resolução das atividades anteriores você pode notar que o coeficiente **a** é responsável pela concavidade e abertura da parábola. Agora, considerando $y = ax^2$, $a \neq 0$ faça um pequeno resumo de suas descobertas.

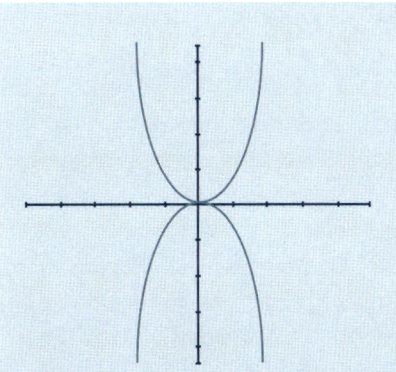

Os gráficos são simétricos em relação ao eixo OX. Há uma reflexão de um dos gráficos em relação ao eixo OX.

Nossa intenção nessa atividade é que os alunos concluam que quanto maior o valor absoluto do coeficiente **a**, menor será a abertura da parábola e que quanto menor o valor absoluto do coeficiente **a**, maior será a abertura da parábola.

54 Trace, em um mesmo sistema de eixos e com cores diferentes, os gráficos das funções $y = ax^2 + c$, $a \neq 0$. Todas as parábolas que você traçou são congruentes? Parábolas congruentes são aquelas que têm a mesma abertura de concavidade, isto é, ao sobrepô-las visualiza-se uma única curva.

55 Qual o ponto em que a parábola corta o eixo OY em cada um dos gráficos das funções que você traçou?

56 Qual o vértice de cada parábola? Compare. O que você pode observar?

57 Qual o eixo de simetria de cada uma das parábolas?

58 Qual será o ponto de mínimo das funções y = ax² + c, quando **a** assume valores positivos? E qual será o ponto de máximo das funções y = ax² + c, quando **a** assume valores negativos?

59 Como obter o gráfico de y = ax² + c, a ≠ 0, a partir do gráfico de y = ax², quando **c** é positivo? E quando **c** é negativo?

60 Trace, em um mesmo sistema de eixos e com cores diferentes, os gráficos das funções y = (x − t)². Faça **t** variar. O que você pode observar?

61 Qual o eixo de simetria de cada uma dessas parábolas?

62 Todas as parábolas que você traçou são congruentes?

63 Como obter o gráfico de y = (x − t)² a partir do gráfico de y = x², quando **t** é positivo? E quando **t** é negativo?

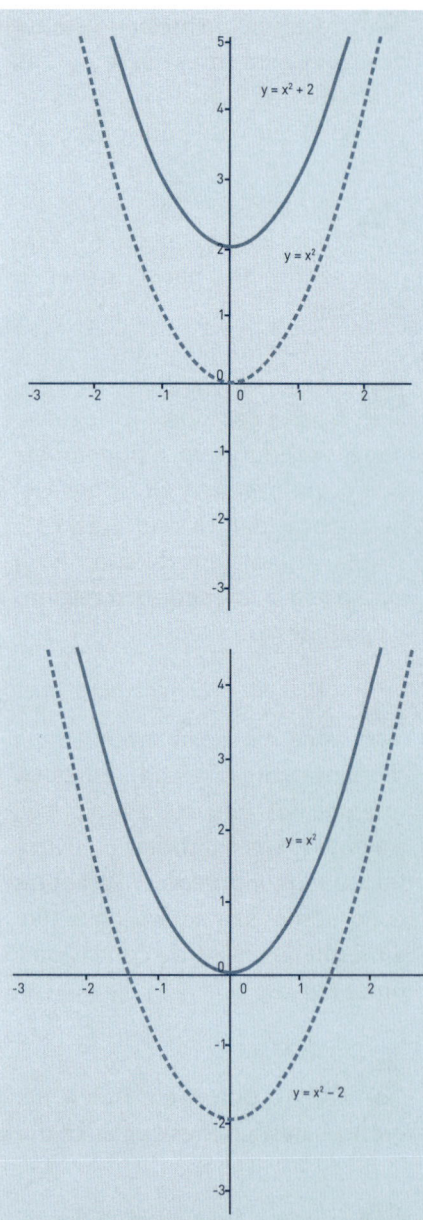

As parábolas das funções y = ax² +c podem ser obtidas por uma translação vertical de **c** unidades para cima, se **c** for positivo, ou para baixo, se **c** for negativo, no gráfico de y = a x².

64 Trace, em um mesmo sistema de eixos e com cores diferentes, os gráficos das funções y = a (x − t)², a ≠ 0. Faça **a** e **t** variar. O que você pode observar?

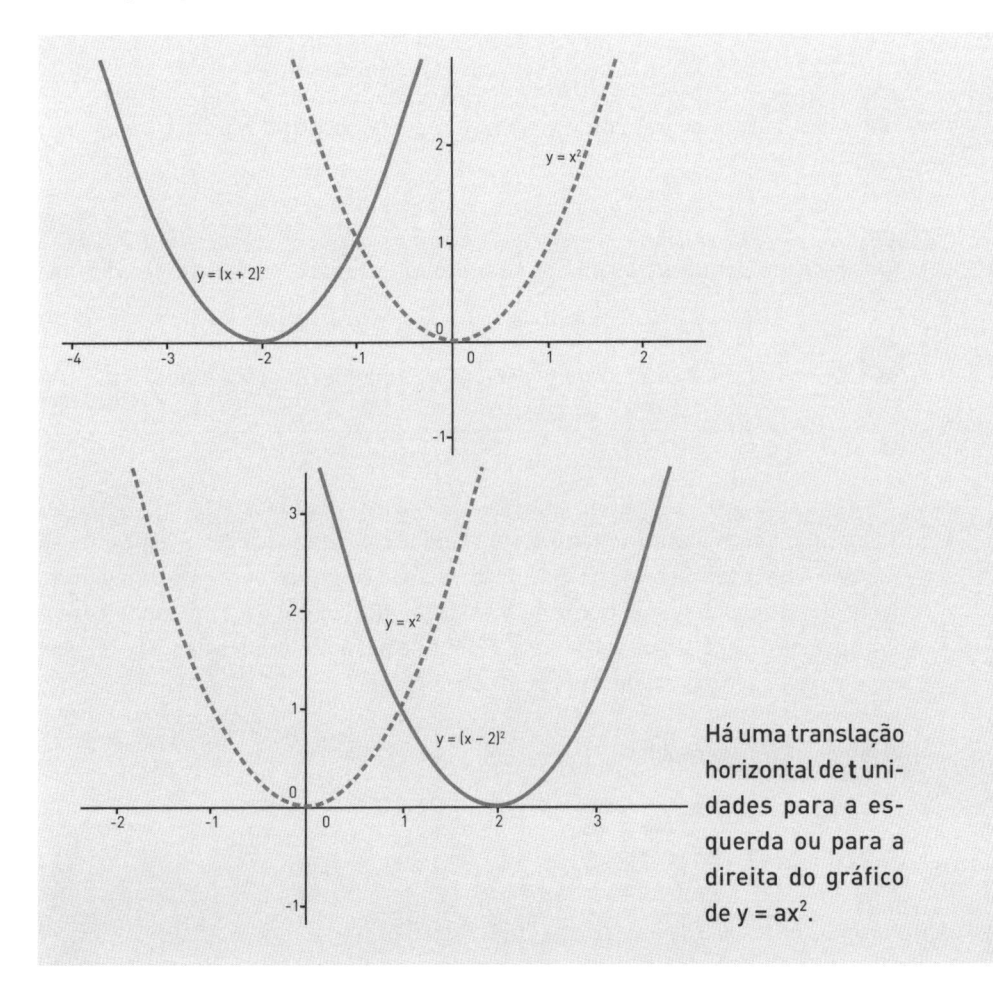

Há uma translação horizontal de t unidades para a esquerda ou para a direita do gráfico de y = ax².

65 Todas as parábolas que você traçou são congruentes?

66 Qual o eixo de simetria de cada uma dessas parábolas?

67 Qual o vértice de cada uma dessas parábolas? Compare.

68 Quando **a** > 0 a função quadrática y = a (x- t)² tem valor mínimo. Que valor é esse? E quando **a** < 0 a função quadrática y = a (x- t)² tem valor máximo. Que valor é esse?

69 Como obter o gráfico de y = a (x- t)², a ≠ 0 a partir do gráfico de y = ax², a ≠ 0?

70 Faça um pequeno resumo de suas descobertas sobre a função quadrática.

71 Como obter o gráfico de y = (x- 2)² +3 a partir do gráfico de y = x²?

Nossa intenção nessa atividade é que os alunos concluam que para resolver essa questão é necessário realizar duas translações. O gráfico de y = (x- 2)² é obtido partir do gráfico de y = x² por uma translação horizontal de 2 unidades para a direita. E que o gráfico de y = (x- 2)² + 3 é obtido partir do gráfico de y = (x- 2)² por uma translação vertical de 3 unidades para cima.

Vejamos outro exemplo:

Para construir o gráfico de
y = -2x² + 4x + 1 = -2 (x- 1)² + 3

Partimos do gráfico de y = -2x² (Figura A). Em seguida, transladamos uma unidade para a direita obtendo o gráfico de y = -2 (x- 1)² (Figura B).

Finalmente, transladamos este último gráfico de três unidades para cima, obtendo o gráfico de y = -2 (x- 1)² + 3 (Figura C).

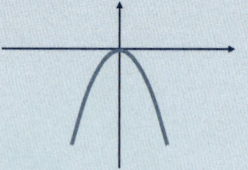

Figura A

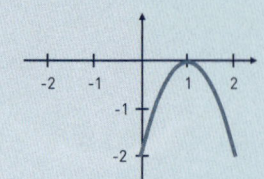

Figura B

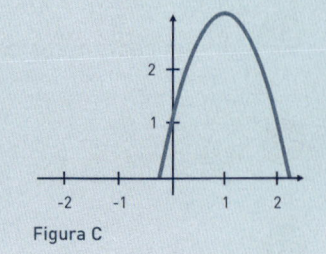

Figura C

72 Como o gráfico de $y = x^2 + 8x + 16$ pode ser obtido a partir do gráfico de $y = x^2$? Lembre que $y = x^2 + 8x + 16 = (x + 4)^2$.

73 Como o gráfico de $y = x^2 + 8x + 19$ pode ser obtido a partir do gráfico de $y = x^2$? Lembre que $y = x^2 + 8x + 19 = x^2 + 8x + 16 + 3 = (x+ 4)^2 + 3$.

74 Como obter o gráfico de $y = x^2 - 6x + 10$ a partir do gráfico de $y = x^2$? Note que $x^2 - 6x + 10 = x^2 - 6x + 9 + 1 = (x - 3)^2 + 1$.

75 Como o gráfico de $y = x^2 - 2x - 8$ pode ser obtido a partir do gráfico de $y = x^2 - 2x - 3$?

76 Como o gráfico de $y = -x^2 - x + 3$ pode ser obtido a partir do gráfico de $y = x^2 + x - 3$?

77 Qual a lei da função cujo gráfico é

Note que esse gráfico pode ser obtido do gráfico de $y = x^2$, a partir da realização de 2 translações, uma na direção vertical e outra na direção horizontal.

78 Desenhe, em um plano cartesiano, uma figura composta apenas por partes de parábolas ou ainda uma figura que seja composta por partes de parábolas e segmentos de retas. Agora reproduza essa figura com o auxílio do computador e a partir das descobertas feitas sobre as funções afins e quadráticas.

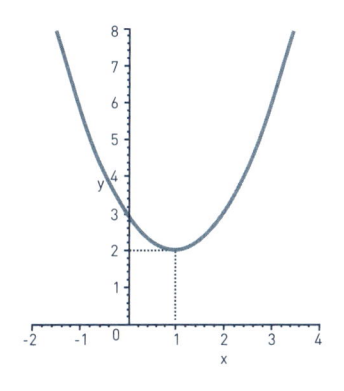

79 Elabore, junto com seus colegas de grupo, uma WebQuest com o tema: diferentes aplicações das Funções Quadráticas.

WebQuest, conceito criado em 1995 pelo norte-americano Bernie Dodge, da Universidade de San Diego tendo como proposta metodológica o uso da internet de forma criativa em trabalhos ou projetos de pesquisa e investigação.

Como método de pesquisa orientada, voltada para o processo educacional, ajuda a desenvolver a autonomia nos alunos, estimula a investigação e o pensamento crítico.

A Webquest pode ser utilizada para o ensino de qualquer conteúdo curricular.

Deve ser construída por um professor para ser solucionada por alunos reunidos em grupos ou ainda pode ser construída por um grupo de alunos sob a supervisão de um professor.

Muitas são as vantagens dessa abordagem metodológica, uma delas é oferecer oportunidades concretas para que os professores se vejam e atuem como autores de sua obra. Outra vantagem é oportunizar a troca de experiências pedagógicas entre os professores.

Não há uma fórmula pronta para a criação de uma WebQuest: em geral é concebida e construída segundo uma estrutura que contém os seguintes elementos:

- introdução
- tarefa
- processo
- recursos
- orientações
- avaliação
- conclusão

O *site* www.webquest.futuro.usp.br orienta, passo a passo, a construção de uma *WebQuest*. Outra fonte importante sobre o assunto é o *site* www.educare-br.hpg.ig.com.br

Exemplos de WebQuest sobre os mais diversos temas e nas mais diferentes áreas do conhecimento podem ser encontradas no *site* http://www.cf-terrasfeira.org/phpwebquest/procesa_index_todas.php

As atividades que iremos propor a seguir foram criadas pelo professor Abraham Arcavi Weizmann – Institute of Science – Israel. Elas foram aplicadas a alunos de Israel que estavam estudando no nível correspondente aos nossos alunos do ensino médio no Brasil.

Na resolução dessas atividades podemos observar e constatar o efeito da interação entre a solução algébrica e a geométrica.

I Transformação de quadrado em outro por meio de um acréscimo constante.

Dado um quadrado de x cm de lado, obter um outro quadrado cujo lado foi aumentado em 5 cm.

a Determine uma função que relacione a cada x a diferença entre a área do quadrado novo e a do quadrado dado.
b Determine o domínio da função do item (a).
c Qual é o significado geométrico dos elementos do domínio e do contradomínio da função?
d O acréscimo da área é maior, menor ou igual a área do quadrado dado?
e Faça o gráfico.

II No problema anterior, o lado do quadrado era variável e a modificação do comprimento do lado, constante. Agora estudaremos o caso em que a medida do lado do quadrado é constante e o acréscimo da medida do lado é variável.

Dado um quadrado cujo lado mede 4 cm, variando de x cm a medida desse lado.

a Determine uma função que relacione a cada x a "variação da área" correspondente.
b Qual é o domínio da função do item (a)?
c A "variação da área" é maior, menor ou igual à área do quadrado dado?

III Estudaremos agora o que ocorre com o quadrado quando mudamos o comprimento de uma de suas diagonais.

a   Seja o comprimento da diagonal de x a variação de seu comprimento. Que novas figuras se obtêm?
b   Encontre a função que relaciona a cada x a variação da área correspondente.
c   Encontre o domínio dessa função.
d   Faça o gráfico.

IV Estudaremos agora o que ocorre com o quadrado quando mudamos o comprimento das duas diagonais.

a   O comprimento da diagonal é a variação do seu comprimento é x. Que nova figura se obteve?
b   Qual é a função que representa essa mudança na área do quadrado original?
c   Determine o domínio dessa função.
d   Faça o gráfico.

FUNÇÃO QUADRÁTICA E PROBLEMAS DE MÁXIMOS E MÍNIMOS

Ao trabalharmos com o tema funções quadráticas não podemos deixar de propor aos alunos problemas variados que envolvam uma importante aplicação desse conceito, a determinação de máximos e mínimos.

Vejamos a seguir um clássico problema de determinar qual é o retângulo de área máxima, dentre retângulos com mesmo perímetro.

Dentre todos os retângulos com perímetro de 80 cm, qual deles tem maior área?

Queremos escrever a área (A) em função do lado (x) maior do retângulo, e descobrir qual será valor de x quando esse retângulo tem área máxima.

Como esse retângulo tem perímetro igual a 80cm, se denominamos um de seus lados por x (x > 0) teremos como os outros lados: x; 40 – x e 40 -x. Assim, a área desse retângulo será dada por:

A= x (40 – x)
A = -x² + 40 x

Essa expressão representa a lei de uma função quadrática. Como o coeficiente a = -1 < 0, ela admite um ponto de máximo, que é dado pelas coordenadas do vértice dessa parábola.

Assim a maior área possível é obtida quando a abscissa do vértice (x) é igual a 20.

Daí, dos retângulos com 80 cm de perímetro, o de maior área é aquele que tem lados 20 cm e 40-20 = 20 cm. Portanto o retângulo procurado é um quadrado de lado 20 cm cuja área é igual a 400 cm².

Vejamos mais um exemplo.

Uma bala de canhão é atirada por um tanque de guerra e descreve uma trajetória em forma de parábola de equação y = -3x² + 60 x (sendo x e y medidos em metros).

Pergunta-se:

a   Qual é a altura máxima atingida pela bala?
b   Qual é o alcance do disparo?*

O gráfico de uma função quadrática y = ax² + bx + c é uma curva denominada parábola. A parábola é uma curva do plano cujos pontos satisfazem uma condição. Geometricamente, a parábola é uma figura formada pelos pontos de um plano que equidistam de uma reta r e de um ponto F, não pertencente à r, dados. O ponto F é denominado foco da parábola e tem sua importância

---

* Fonte: *Matemática ciências e aplicações*, Gelson Iezzi, p. 121.

prática em objetos que apresentam a forma parabólica, como espelhos e antenas. A reta r é denominada diretriz da parábola.

A partir dessa definição podemos pedir aos alunos para construírem uma parábola utilizando régua e compasso ou ainda construí-la com dobraduras. Dessa forma eles terão oportunidade de aprender melhor o significado dessa curva e refletir sobre o que caracteriza uma parábola.

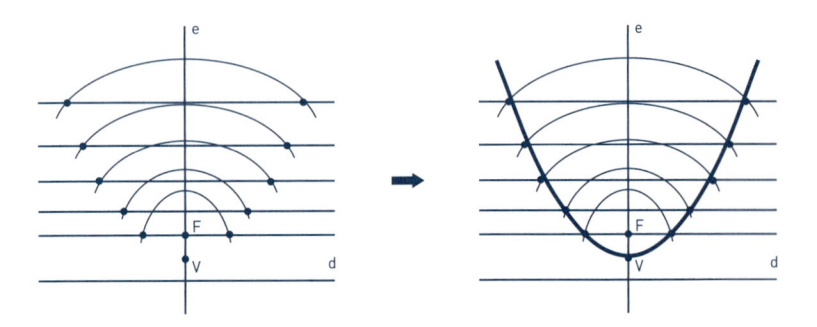

A construção por dobraduras é ilustrada abaixo e o passo a passo para sua construção pode ser obtido no *site* www.sato.prof.ufu.br/Conicas/Curso_ConicasAplicacoes.pdf.

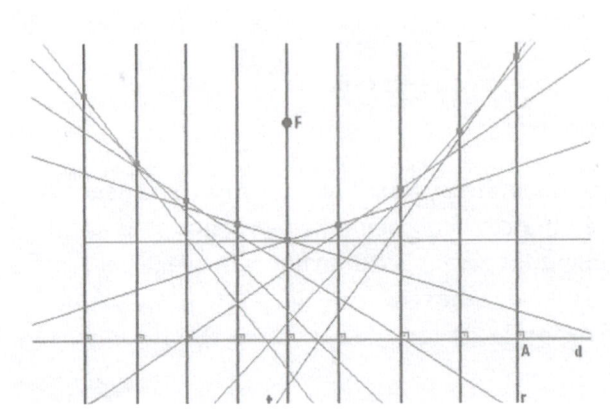

Figura 2.1 ▶

De modo similar, ainda podemos obter uma parábola a partir de um corte feito em um cone.

A geratriz do cone forma com a base do cone um ângulo B e o plano cortante forma com a base do cone um ângulo **A**. Se o ângulo **A** é igual ao ângulo **B**, essa seção será uma parábola.

O aluno pode construir a parábola utilizando um cone de isopor e usar um estilete para fazer nesse cone, um corte plano inclinado e paralelo a uma geratriz do cone, como mostra a figura.

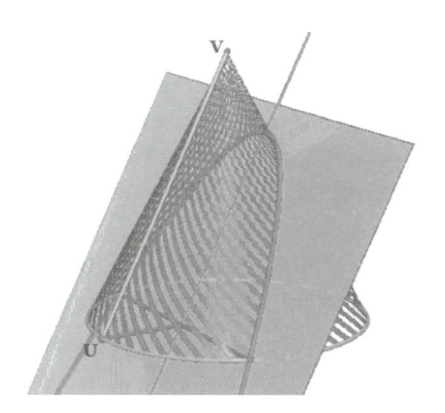

Figura 2.2 ▶
Parábola construída a partir de cone.

Antes de finalizar o tema funções quadráticas, recomendamos que você, professor, conheça dois trabalhos desenvolvidos na Universidade Federal Fluminense, Niterói, RJ. O primeiro pode ser acessado em http://www.uff.br/cdme/fqa/fqa-html/fqa-br.html, sob o título *Anatomia de uma função quadrática* e foi desenvolvido pelo professor Humberto José Bortolossi. O segundo trabalho recebe o título de *Variação da função quadrática* e é do professor Wanderley Moura Rezende, e pode ser acessado pelo endereço eletrônico http://www.uff.br/cdme/quadratica/quadratica-html/QP1.html.

Nesses trabalhos foi utilizado o *software Geogebra*.

Para a conclusão desse capítulo sobre Funções, sugerimos a realização de mais um trabalho de pesquisa que envolve um assunto fascinante e muito atual, o estudo dos fractais. Ao final desse trabalho você, junto com seus alunos, pode montar uma belíssima exposição sobre esse apaixonante tema.

FRACTAIS

A Geometria Fractal é uma linguagem matemática que descreve, analisa e modela as formas encontradas na natureza.

Fractais (do latim *fractus*, cujo verbo *frangere* correspondente significa fragmentar, quebrar), esse termo foi criado em 1975 pelo matemático Benoît Mandelbrot, mas o tema começou a ser estudados no fim do século XIX por Karl Weierstrass que encontrou, em 1872, o exemplo de uma função com a propriedade de ser contínua em todo seu domínio, mas em nenhuma parte diferenciável. O gráfico dessa função é atualmente chamado de fractal.

Mais tarde, já no início do século XX, o matemático Helge von Koch deu uma definição geométrica de funções desse tipo que ficou conhecido por **Floco de neve de Koch.**

Para construir um floco de neve devemos desenhar um triângulo equilátero, depois acrescenta-se a cada lado desse triângulo um novo triângulo equilátero cujo lado mede a terça parte do inicial, e assim sucessivamente. Dessa maneira, *o fractal abrange uma área finita dentro de um perímetro infinito.*

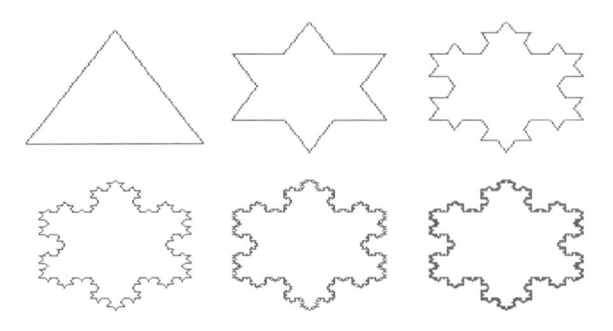

Figura 2.3 ▶
Floco de neve de Koch.

Os fractais são formas geométricas abstratas de uma beleza incrível, com padrões complexos que se repetem infinitamente, mesmo limitados a uma área finita. Um fractal é gerado a partir de uma fórmula matemática, muitas vezes simples, mas que aplicada de forma recorrente, produz resultados fascinantes e impressionantes. Além de se apresentarem como formas geométricas, os fractais representam funções reais ou complexas.

Vejamos outro exemplo de fractal, o Triângulo de Sierpinski, criado pelo matemático Waclaw Sierpinski.

Esse fractal é obtido como limite de um processo recursivo. A seguir os 6 primeiros passos desse fractal:

Figura 2.4 ▶
Triângulo de Sierpinski.

Note que esse padrão geométrico é construído a partir de uma regra que se repete indefinidamente.

Etapa (n)	1	2	3	4	...	n
Nº de triângulos (t)	1	3	9	27	...	3^{n-1}

Pode-se aplicar essa mesma técnica partindo agora de um quadrado. O próprio Sierpinski fez isso. Pesquise. O resultado que se obtém após algumas interações é surpreendentemente bonito e o mesmo é conhecido como Tapete de Sierpinski.

Existem vários procedimentos para construir "novos" fractais, em geral, em construções de fractais já existentes.

No Projeto *Jovens Talentos* financiado pela FAPERJ, alunos do 2º ano do ensino médio de escolas públicas, trabalharam com o tema fractais e construíram o triângulo de Sierpinski. Esse trabalho foi apresentado no X ENIC (Encontro de Iniciação Científica) em 2010.

No próximo capítulo trabalharemos com funções cujo domínio e a imagem é o conjunto dos pontos do plano, são funções do tipo **T: R^2 em R^2**.

CAPÍTULO 3

TRANSFORMAÇÕES GEOMÉTRICAS NO PLANO

Nesse capítulo iremos sugerir um trabalho que você, professor, poderá desenvolver com seus alunos, e que envolve o estudo das transformações geométricas no plano. Por definição, uma transformação geométrica no plano é uma função de R^2 em R^2. A partir desse trabalho você poderá explorar, dentre outros, mais dois temas presentes no currículo do ensino médio: matrizes e números complexos, e fazer ainda, relações entre esse conteúdo, as artes plásticas e a computação gráfica.

O mundo das transformações geométricas é muito vasto, entretanto quando falamos sobre esse tema no ensino fundamental e médio estamos nos referindo às isometrias – simetria axial e central, translação, rotação e suas compostas – e a homotetia (semelhança).

Observe as mudanças que ocorrem em um quadrado após a aplicação de algumas dessas transformações.

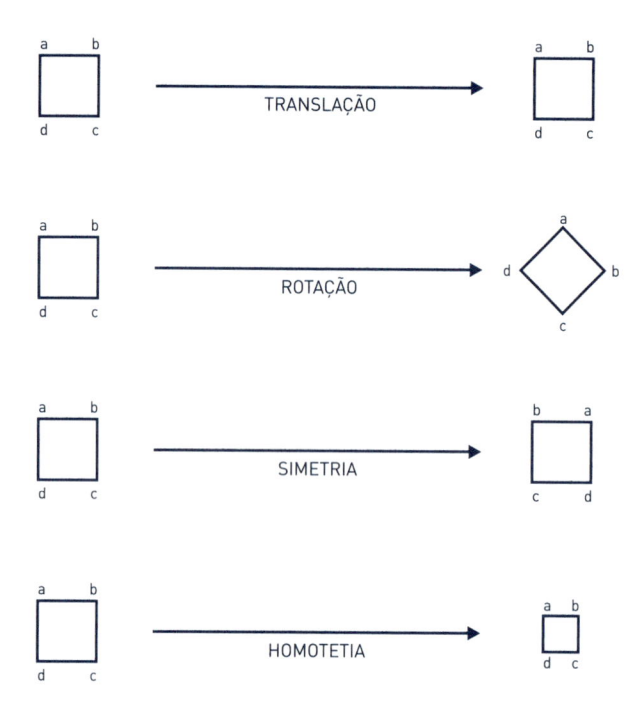

```
a   b                              a   b
┌───┐                              ┌───┐
│   │ ─────── TRANSLAÇÃO ──────►   │   │
└───┘                              └───┘
d   c                              d   c

a   b                                a
┌───┐                              ◇
│   │ ─────── ROTAÇÃO ────────►   d   b
└───┘                                c
d   c

a   b                              b   a
┌───┐                              ┌───┐
│   │ ─────── SIMETRIA ───────►   │   │
└───┘                              └───┘
d   c                              c   d

a   b                              a b
┌───┐                              ┌─┐
│   │ ─────── HOMOTETIA ──────►   └─┘
└───┘                              d c
d   c
```

O PCN de Matemática faz uma inferência sobre a importância no ensino fundamental do estudo das transformações geométricas no plano.

> **As atividades que envolvem as transformações de uma figura no plano devem ser privilegiadas nesses ciclos, porque permitem o desenvolvimento de conceitos geométricos de uma forma significativa, além de obter um caráter mais "dinâmico" para esse estudo.(...) O estudo das transformações isométricas (transformações do plano euclidiano que conservam comprimentos, ângulos e ordem de pontos alinhados) é um excelente ponto de partida para a construção das noções de congruência. (...) O estudo das transformações que envolvem a ampliação e redução de figuras é um bom ponto de apoio à construção do conceito de semelhança.** (PCN, 1998, p.124)

Sugerimos iniciar esse trabalho no ensino médio revisando o tema transformações geométricas no plano iniciado no ensino fundamental de forma intuitiva. Essa revisão pode ser feita utilizando obras de arte, material de desenho geométrico, Geoplano, o sistema de coordenadas cartesianas ortogonais ou ainda utilizando *softwares* de geometria dinâmica, entre eles o **Cabri-Géomètre** que dispõe de ferramentas específicas para a simetria axial, simetria central, translação e rotação e homotetia.

O Cabri-Géomètre é um *software* de autoria de Jean-Marie Laborde, Franck Bellemain e Yves Baulac e foi desenvolvido na Universidade de Joseph Fourier na França em 1988. Ele é de fácil manuseio e permite tanto trabalhar com conceitos a partir da construção de figuras geométricas, como explorar propriedades dos objetos e das relações por meio de comprovações experimentais.

O Cabri-Géomètre está disponível em vários idiomas. Ele **não** é um *software* livre. A versão em português pode ser adquirida em www.cabri.com.br.

●● PRINCIPAIS TRANSFORMAÇÕES

● HOMOTETIA

A homotetia é uma transformação geométrica que, aplicada a uma figura, pode ou não mudar o tamanho da figura original, mas não a forma. Isto é, uma transformação que, mantendo um ponto fixo O, chamado centro da homotetia, multiplica a medida de qualquer segmento de reta que passe por esse ponto, por um fator constante a, a real, $a \neq 0$, chamado razão da homotetia.

Quando $a = 1$ a homotetia será uma isometria. Quando $a > 1$, essa transformação amplia o tamanho da figura original. E quando $0 < a < 1$ o tamanho da figura original será reduzido. A figura original e a obtida após essa transformação são ditas semelhantes.

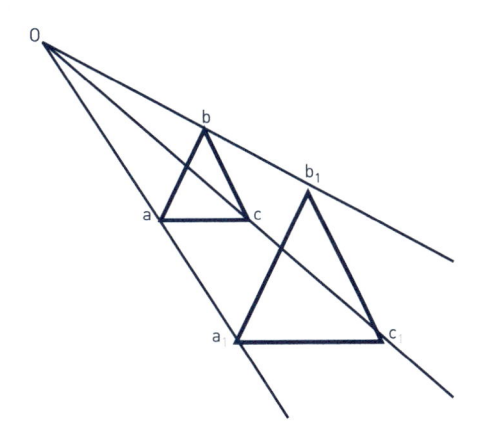

● ISOMETRIA

A isometria é uma transformação geométrica que, aplicada a uma figura, mantém as distâncias entre pontos e ângulos. Isto é, ela não distorce as formas e tamanhos, por esse motivo é conhecida, também, como **movimento rígido**. Movimentos rígidos dão origem a figuras congruentes.

> O estudo das transformações isométricas (transformações do plano euclidiano que conservam comprimentos, ângulos e ordem de pontos alinhados) é um excelente ponto de partida para a construção das noções de congruência. As principais isometrias são: reflexão em uma reta (ou simetria axial), translação, rotação, reflexão em um ponto (ou simetria central), identidade. Desse modo, as transformações que conservam propriedades métricas podem servir de apoio não apenas para o desenvolvimento do conceito de congruência de figuras planas, mas também para a compreensão das propriedades destas. (PCN-Matemática,1998, p.124)

TRANSLAÇÃO

Chamamos de translação a transformação em que a imagem de uma figura é obtida pelo deslocamento paralelo de todos os seus pontos a uma mesma distância, direção e sentido.

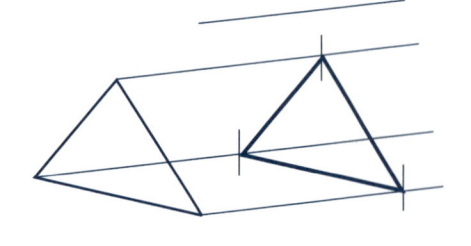

ROTAÇÃO

Uma outra transformação é obtida quando fixamos um ponto do plano e giramos a figura de um ângulo θ qualquer, ao redor desse ponto, no sentido horário ou anti-horário.

A figura ao lado sofreu uma rotação de 90°, em relação ao ponto **O**, no sentido anti-horário.

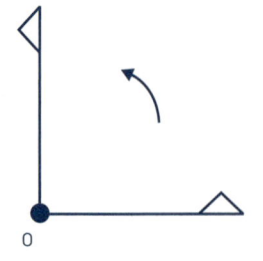

O ponto **O** é chamado centro de rotação.

A figura ao lado sofreu uma rotação de 180°, em torno do ponto **O**, no sentido horário.

Note que o centro de rotação **O** é também o ponto médio de cada um dos segmentos que ligam cada ponto da figura ao seu transformado.

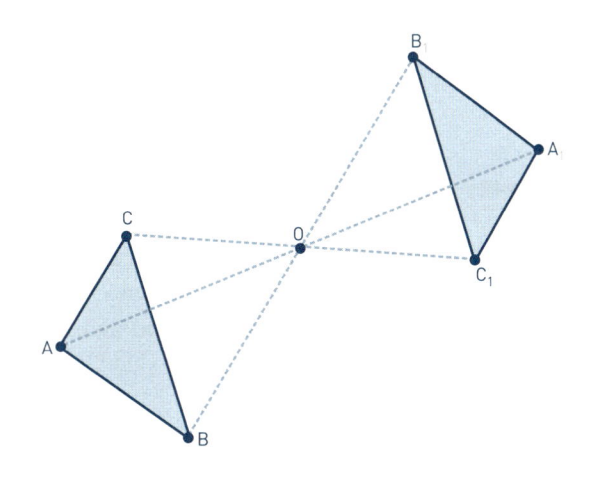

A rotação de 180° de uma figura em torno de um ponto **O**, no sentido horário ou anti-horário, recebe o nome de SIMETRIA CENTRAL.

SIMETRIA AXIAL (REFLEXÃO EM TORNO DE UMA RETA)

Dizemos que duas figuras são simétricas em relação a uma reta quando uma é a imagem espelhada da outra em relação à reta considerada, chamada de eixo de simetria.

Note que os pontos simétricos estão em lados opostos, mas à mesma distância do eixo de simetria e os segmentos que ligam o ponto ao seu simétrico são perpendiculares ao eixo de simetria, isto é, o eixo de simetria é a mediatriz do segmento de reta que une esses dois pontos.

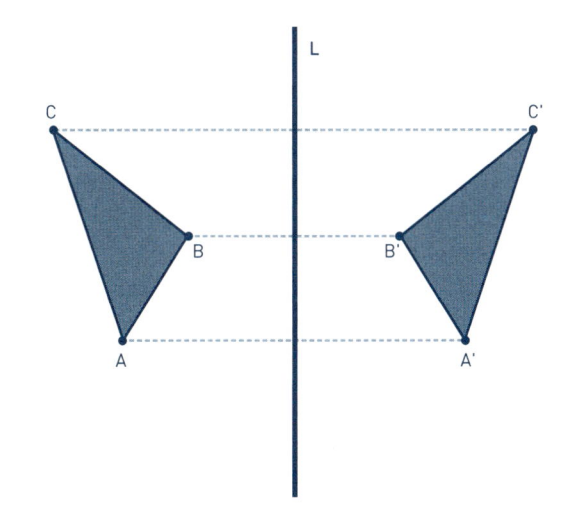

Professor, sugerimos a seguir algumas atividades que poderão ser utilizadas com seus alunos para revisar esses conceitos.

ATIVIDADES

1 Desenhe uma figura e aplique, sucessivamente, várias translações a essa figura. O resultado final ainda será uma translação, ou seja, a posição final do objeto poderá ser obtida por meio de uma única translação?

2 Construa, em uma folha de papel quadriculado, uma faixa decorativa com repetições de um mesmo motivo por translações sucessivas. Abaixo um exemplo.

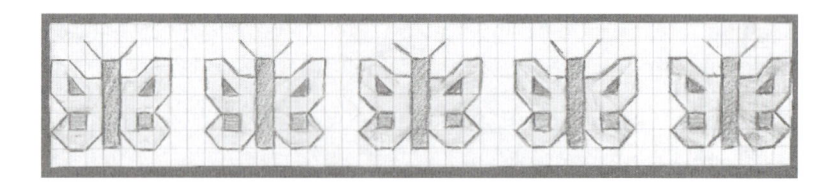

3 Crie uma faixa, usando dobraduras de papel e recorte, que contenha o movimento de translação. Abaixo um exemplo.

4 Pesquise a aplicação de translações na arte grega.

5 Reproduza a figura abaixo em papel quadriculado. Depois desenhe a figura obtida desta após rotação de 90° em torno do ponto O no sentido horário.

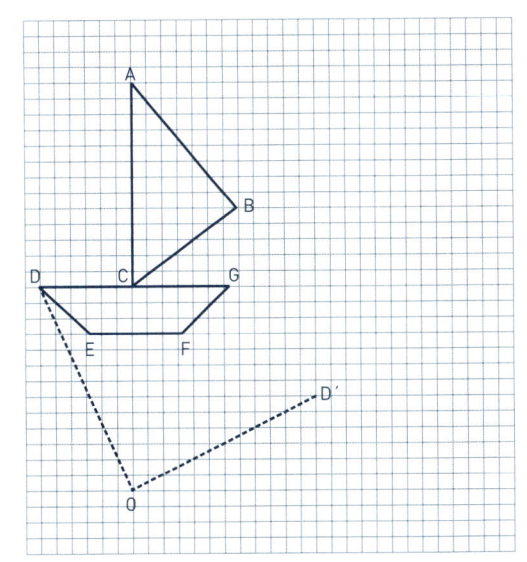

6 Observe as figuras ao lado. Elas se correspondem por uma simetria central. Descubra o centro de simetria.

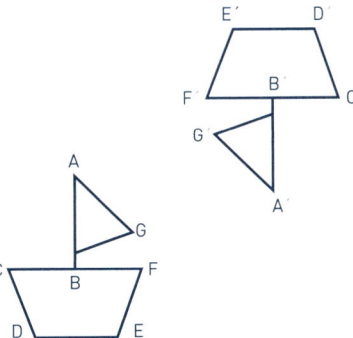

7 Observe as figuras M e M'.

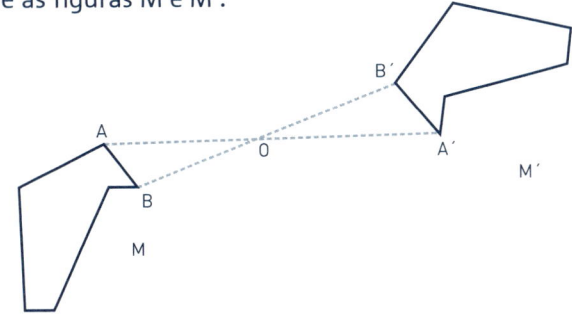

a   Elas se correspondem por uma simetria central? Por quê?
b   Tente traçar a figura correspondente à M pela simetria central de centro O, no sentido horário.

8 Dado um triângulo ABC e um ponto O, externo, peça aos alunos que construam o simétrico desse triângulo obtido após uma rotação de 70° em torno do ponto O no sentido horário.

9 Aplique agora ao novo triângulo, simétrico do triângulo ABC, uma rotação de 30° em torno do ponto O no sentido horário. Como obter esse triângulo final aplicando ao triângulo ABC uma única transformação?

10 Construa figuras simétricas em relação à reta r dada.

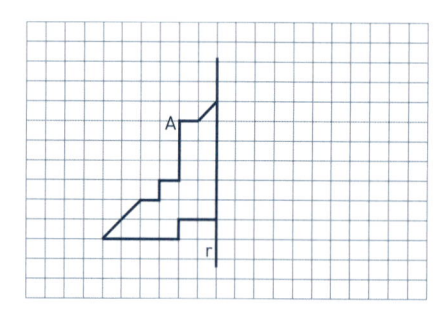

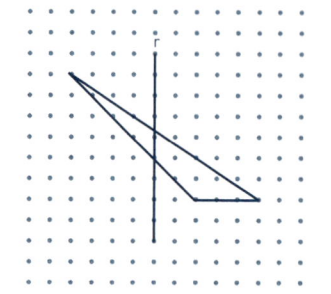

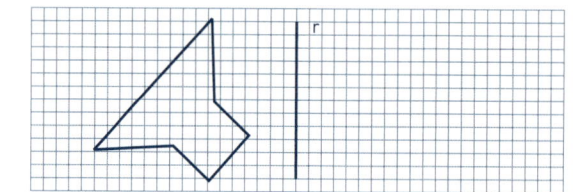

Agora responda: A reflexão inverte o sentido (horário ou anti-horário) dos vértices da figura no plano?

11 Como qualquer outra transformação no plano, reflexões podem ser combinadas.

a   Trace 2 retas perpendiculares: r e s. Chame de P o ponto de interseção dessas retas. O plano ficou dividido em 4 regiões.

- Construa um triângulo escaleno ABC em qualquer uma dessas regiões.
- Construa a imagem desse triângulo obtida por simetria em relação à reta r, obtendo o triângulo DEF. Em seguida construa a imagem do triângulo DEF obtida por simetria em relação à reta s. Esse novo triângulo será denominado de GHI.
- Agora construa a imagem do triângulo ABC obtida após simetria central em relação ao ponto P. O que você pode concluir ao final dessa atividade?
- É possível obter o triângulo GHI como imagem do triângulo ABC utilizando apenas uma transformação? Que transformação é essa?

b   Agora desenhe um triângulo escaleno ABC e sua imagem obtida por simetria em relação a uma reta r dada. Esse triângulo será denominado DEF. Trace agora uma reta s paralela à reta r. Construa a imagem do triângulo DEF obtida por simetria em relação à reta s. Esse novo triângulo será denominado de GHI. É possível obter o triângulo GHI como imagem do triângulo ABC utilizando apenas uma transformação? Que transformação é essa?

- Note que nas duas atividades anteriores obtivemos como resultado da primeira reflexão, uma imagem espelhada da figura original em relação ao eixo de reflexão e aplicando-se uma segunda reflexão à imagem obtida pela primeira, obtivemos uma imagem espelhada de uma imagem espelhada, ou seja, retornamos à orientação original.

c   Qual a transformação que obtemos quando realizamos a composição de duas reflexões de eixos paralelos?

d   Qual a transformação que obtemos quando realizamos a composição de duas reflexões cujos eixos são duas retas concorrentes, não perpendiculares?

12 Crie um padrão e construa uma faixa decorativa usando simetria axial.

Note que em toda barra decorativa há translação de uma figura. Nas mais elaboradas, há também simetria axial.

13 Muitos logotipos possuem simetria central. Pesquise logotipos que possuem esse tipo de simetria e, destaque em cada caso, o centro de simetria.

14 Crie, em grupo, uma logomarca que apresente algum dos 3 tipos de simetria: axial, central ou de rotação. Ela pode ser criada com o uso do computador. Se quiser usar para essa construção o *software* livre GeoGebra, ele está disponível para *download* no *site* http://www.geogebra.org/cms/index.php?option=com_content&task=blogcategory&id=71&Itemid=55

Dando sequência ao trabalho, podemos chamar atenção dos alunos para o fato de que as transformações geométricas que estamos revisando se fazem presentes também na arte.

Nas obras do artista holandês Maurits Cornelius Escher (1898-1972) podemos observar diferentes pavimentações. Nessas pavimentações é possível identificar translações, rotações, reflexões e composições dessas transformações, além do uso de figuras semelhantes.

Para criar suas obras esse artista se inspirou na arte e cultura árabe e suas propriedades geométricas. Estas estavam repletas de simetrias e padrões de repetição, mas se limitavam a figuras de formas abstrato-geométricas. Escher não se limitou a essas formas e usou como elemento padrão, figuras concretas, perceptíveis e existentes na natureza; tais como peixes, aves, répteis, etc. Os trabalhos de Escher nos mostram uma belíssima aplicação dos movimentos geométricos do plano.

Na Figura 3.3, criada por Escher, o movimento representado é o de *translação*.

Observe que ele pavimentou a superfície utilizando paralelogramos. Cada paralelogramo contém um peixe e uma rã. Os paralelogramos são todos idênticos e reproduzem o mesmo desenho original. Note que os peixes se deslocam na mesma direção (do mesmo modo que as rãs). A conservação da mesma direção e pavimentação utilizando paralelogramos são atributos para a construção do conceito de translação.

Escher percebeu através da intuição, que cada vez que reproduzia a repetição da figura-chave obtinha uma nova transformação e depois conseguiu comprovar que elas eram representações pictóricas de grupos de transformações. Parece que Escher descobriu sozinho, através de um estudo sistemático e de experimentações, as 17 maneiras fundamentais de cobrir o plano usando um padrão repetidor. Isto é, ele percebeu que combinando uma ou mais isometrias é possível obter 17 tipos de mosaicos.

Figura 3.3 ▶

Para conhecer esses 17 padrões entre no *site* www.atractor.pt/simetria/17padroes/index.html

Nas obras de Escher podemos identificar mais de um tipo de simetria. Por exemplo, na obra *Limite circular I*, criada em 1958, Escher utiliza a rotação. O ângulo de rotação apresentado nessa imagem é o de 120°.

Figura 3.4 ▶
limite circular I.

Na obra *Limite quadrado* de 1964, há simetria central.

Podemos identificar nessas duas obras a utilização de figuras semelhantes.

Figura 3.5 ▶
limite quadrado.

No estudo ao lado há simetria axial.

Vale lembrar que a simetria de reflexão não é a única identificada nesta obra.

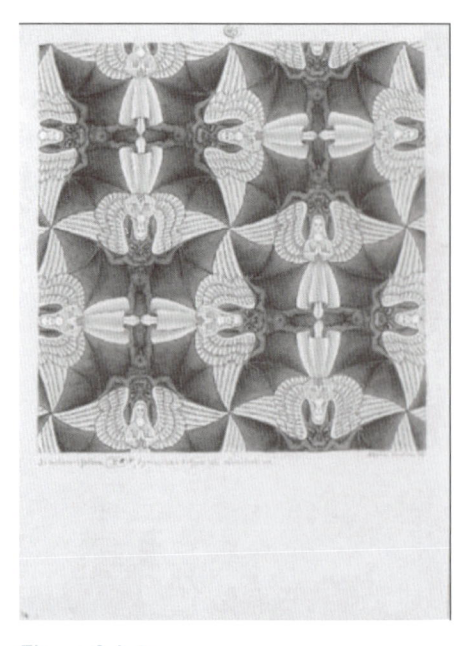

Figura 3.6 ▶

Nos estudos abaixo foi utilizada a translação.

Figura 3.7 ▶

Figura 3.8 ▶

Na próxima imagem Escher usou a rotação 180º (simetria central).

Figura 3.9 ▶
Recobrimento do plano com répteis, 1941.

Nessa outra obra, Escher aplicou ao motivo (lagarto) uma rotação de 90°.

Figura 3.10 ▶

Podemos pedir aos alunos para pesquisarem a vida e obra de Escher e para eleger algumas de suas obras e nelas identificar os tipos de transformações utilizadas.

Propor agora aos alunos que pesquisem obras de outros artistas plásticos que utilizaram em suas obras diferentes isometrias.

Por exemplo, na obra *Pássaros* do artista brasileiro Milton Dacosta (1915-1988) foi aplicada a reflexão. O eixo de simetria da figura está fora dela.

Figura 3.11 ▶
Pássaros, 1964, 38 × 46 cm.

Na obra *Figura com Chapéu*, do mesmo artista, há também reflexão, mas agora o eixo de simetria está na própria figura.

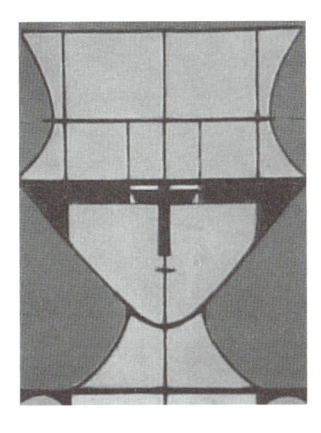

Figura 3.12 ▶
Figura com Chapéu, 1957.
Óleo sobre tela, 27 × 22 cm.

Na obra da artista **Judith Lauand** há rotação de 60° em torno do ponto central do hexágono que figura na obra. Esse ponto é denominado centro de rotação.

Figura 3.13 ▶
Espaço virtual 1960.

Propor aos alunos que criem uma obra utilizando para sua confecção mais de uma transformação geométrica.

Atividades como as ilustradas anteriormente são recomendadas pelos PCN.

> É interessante propor aos alunos situações para que comparem duas figuras, em que a segunda é resultante da reflexão da primeira (ou da translação ou da rotação) e descubram o que permanece invariante e o que muda. Tais atividades podem partir da observação e identificação dessas transformações em tapeçarias, vasos, cerâmicas, azulejos, pisos, etc. (PCN – Matemática, 1998, p.124)

Depois dessa revisão inicial sugerimos que você, professor, amplie o estudo das transformações geométricas relacionando esse conteúdo com alguns assuntos que trabalhamos no ensino médio. Por meio do estudo das transformações geométricas podemos estabelecer um elo entre a geometria e a álgebra, e trabalhar a geometria como forma e movimento.

> Se os conceitos são apresentados de forma fragmentada, mesmo que de forma completa e aprofundada, nada garante que o aluno estabeleça alguma significação para ideias isoladas e desconectadas umas das outras. Acredita-se que o aluno sozinho seja capaz de construir múltiplas relações entre os conceitos e as formas de raciocínio envolvidos nos diversos conteúdos, no entanto o fracasso escolar e as dificuldades dos alunos frente à Matemática mostram claramente que isso não é verdade. (BRASIL, 2002, p.255)

●● TRANSFORMAÇÕES GEOMÉTRICAS E FAMÍLIAS DE FUNÇÕES

Uma transformação é por definição uma função cujo domínio é um conjunto de pontos e dessa forma as isometrias e as homotetias servem como exemplos de funções.

O estudo das funções pode nos ajudar a compreender e representar melhor as transformações de isometrias e homotetias no plano, assim como estudar os movimentos determinados por essas transformações pode ser útil para o trabalho com as funções.

Ao interpretar o gráfico de funções, alguns deles apresentam simetrias e outros não.

Simetria em relação ao eixo vertical

É, por exemplo, o caso do gráfico de

f(x) = x²

No gráfico ao lado observamos a simetria em relação ao eixo vertical OY.

Esse é o gráfico de uma **função par**. Formalmente, temos: Uma função f é denominada par quando f(x) = f(-x), para todo x do Dom f. Isto é, pontos simétricos têm a mesma imagem.

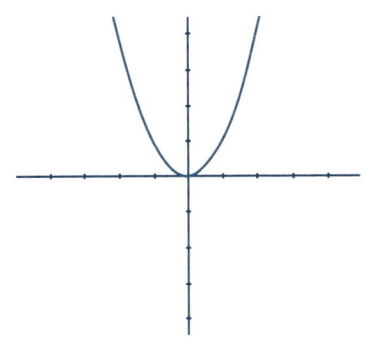

Por exemplo, temos o gráfico de:

$y = \dfrac{1}{x}$, x ≠ 0

No gráfico ao lado observamos a simetria em relação à origem.

Esse é o gráfico de uma **função ímpar**. Formalmente, temos: Uma função f é denominada ímpar quando f(x) = -f(-x), para todo x do Dom f.

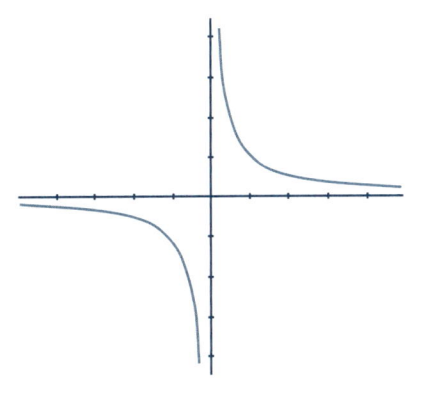

É o caso, por exemplo, de f(x) = ln x

Além disso, podemos aplicar diferentes transformações para obter, a partir de uma dada função, outras funções.

O uso das transformações no plano é um instrumento valioso como auxílio para a construção dos gráficos das funções. Conhecendo um conjunto de gráficos "básicos" e aplicando a eles movimentos rígidos, poderemos obter diversos outros gráficos decorrentes desses gráficos "básicos".

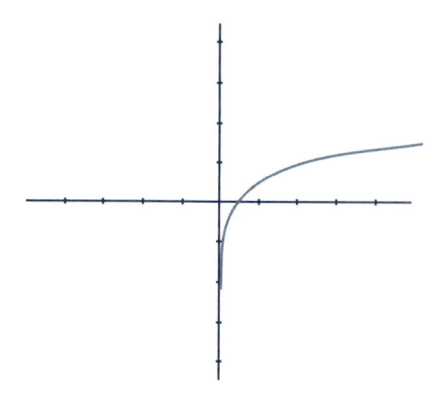

> Em uma família, a função básica é a que tem a expressão algébrica mais simples, e as demais funções são obtidas a partir de operações algébricas sobre a expressão da função básica. Os gráficos dos elementos das famílias são identificados a partir de movimentos geométricos aplicados ao gráfico da função básica: translação vertical ou horizontal; dilatação ou contração nas direções horizontais e verticais; reflexões. Com a possibilidade de plotar simultaneamente diversos elementos da família , o aluno explora o tipo de movimento aplicado ao gráfico da função básica. (Gravina e Santarosa, 1998, p.20)

Nesse livro já utilizamos esse recurso quando trabalhamos no capítulo anterior com as funções afins e quadráticas. Durante as atividades investigativas tivemos oportunidade de obter uma família de funções a partir de uma função básica realizando esses movimentos.

Por exemplo, a partir do gráfico da função básica $y = x^2$ conseguimos obter uma família de funções $y = x^2 + k$, com k real, diferente de zero, realizando uma translação vertical "para cima"no sentido do eixo das ordenadas quando k>0 e "para baixo", quando k < 0.

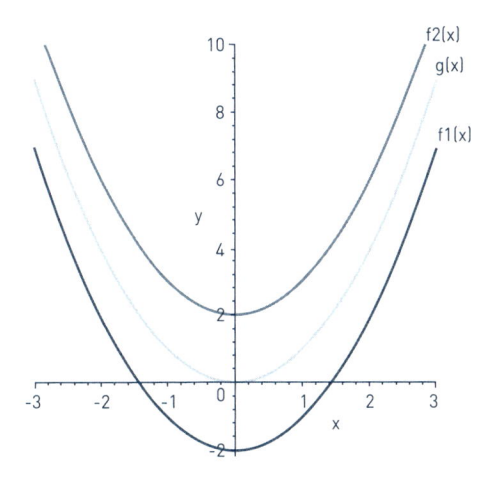

Vejamos mais exemplos.

A partir do gráfico da função básica $y = x^2$ conseguimos obter uma família de funções $y = (x+ k)^2$ com k real, diferente de zero, realizando uma translação horizontal de k unidades para a direita quando k<0, e de k unidades para a esquerda quando k > 0.

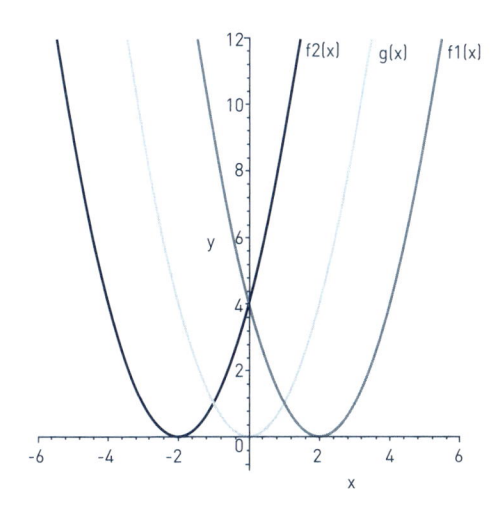

Os gráficos das funções $y = ax^2$ e $y = -ax^2$ são simétricos em relação ao eixo das abscissas, eixo OX, ou seja, há uma reflexão em relação a esse eixo.

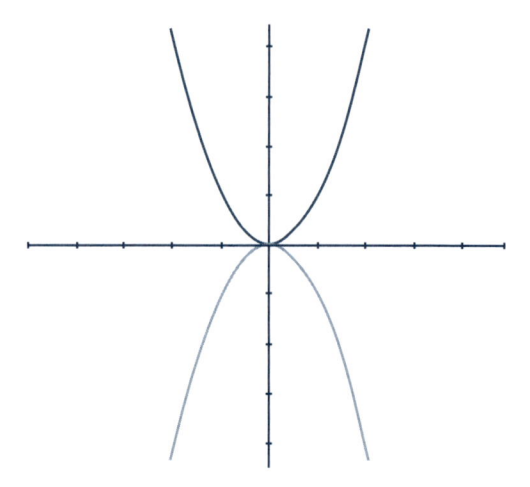

O gráfico da função $y = ax + b$ pode ser obtido do gráfico da função $y = -ax + b$ a partir da reflexão em relação ao eixo das ordenadas, eixo OY.

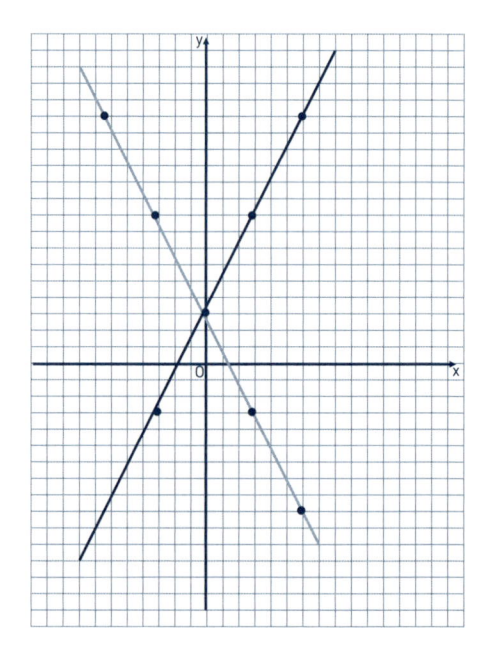

No gráfico da função seno temos repetição dos valores em cada intervalo de medida 2π. Temos uma translação.

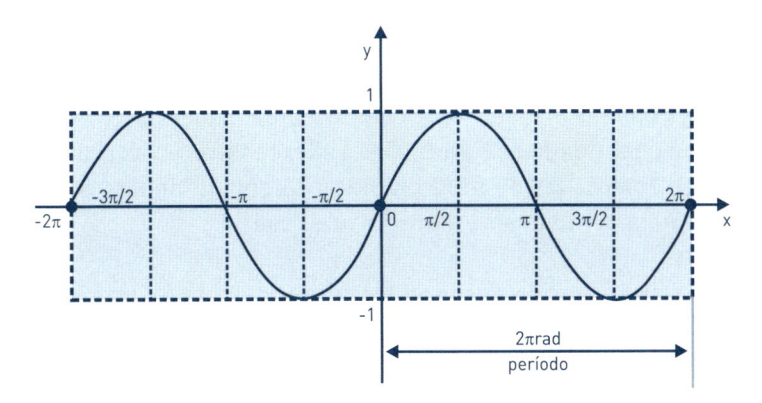

O gráfico da função exponencial é obtido pela reflexão do gráfico da função logaritmo natural em relação à reta y = x.

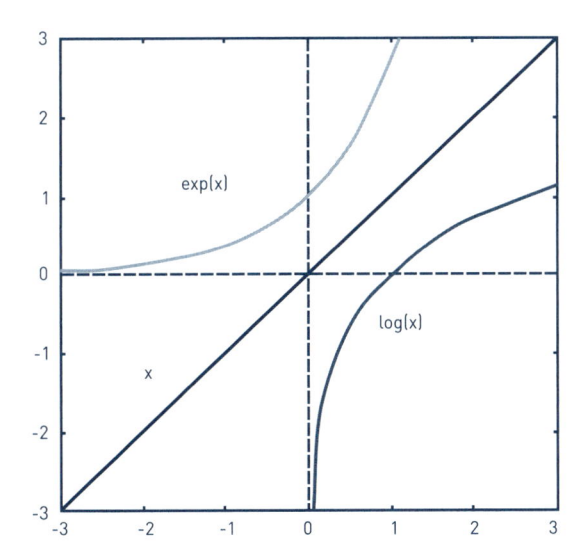

●● TRANSFORMAÇÕES GEOMÉTRICAS E MATRIZES

As transformações geométricas e as matrizes são muito usadas na computação gráfica. Na geração dos movimentos e deformações que vemos nos efeitos especiais do cinema, da TV, dos *games*, nos jogos de computador e nas visualizações das simulações científicas, há uma exigência em concatenar uma enorme quantidade de translações, reflexões e rotações. Para que consigamos implementá-las de modo rápido nos computadores é necessário modificar ligeiramente a representação matricial.

Por exemplo, dizer que a tela do monitor de um computador está configurada com uma resolução 640 × 480 significa que ela é formada por uma tabela de 640 . 480 = 307200 pontos, chamados pixels. Em matemática essas tabelas são chamadas de Matrizes. Cada um dos pontos de uma imagem criada ocupa uma posição (m,n) na tela matricial, permitindo que um especialista em computação gráfica possa desenvolver sua arte. Quando ele altera a posição de uma imagem, quando muda a escala ou gira essa imagem ele está provocando modificações na representação matricial, isto é, ele está utilizando operações entre matrizes.

Para conhecer um trabalho que envolve Matrizes e imagens digitais, entre no site do CDME UFF, www.uff.br/cdme/. Esse trabalho tem como responsáveis: Humberto José Bortolossi e Dirce Uesu Pesco.

● TRANSFORMAÇÕES GEOMÉTRICAS E SUA REPRESENTAÇÃO MATRICIAL

O professor deve chamar a atenção dos alunos para os diferentes tipos de representação de um mesmo objeto matemático.

Um tipo de representação das transformações é através da utilização de matrizes. Existem transformações que podem ser representadas por matrizes, que nesse caso são chamadas de transformações lineares* e outras que não podem ser representadas por matrizes, como por exemplo a translação.

---

* T é uma transformação linear no plano se e somente se satisfaz às seguintes condições:
1) T (x + y) = T (x) + T (y)   2) T (kx) = k . T (x), K ∈ R

TRANSLAÇÃO

A translação é uma transformação que desloca uma figura segundo uma determinada direção sem alterar sua forma e suas dimensões.

Seja um triângulo ABC. Ele pode ser transformado em outro triângulo A'B'C' por uma translação horizontal:

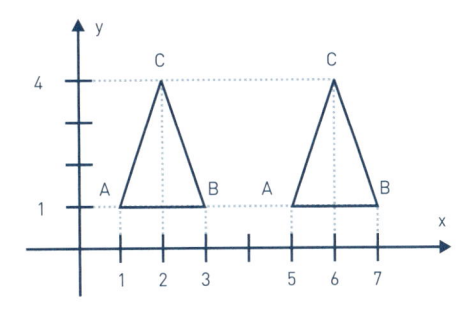

Note que:

A = (1,1) foi transformado em A' = (5,1)
B = (3,1) foi transformado em B' = (7,1)
C = (2,4) foi transformado em C' = (6,4)

Veja que nesse exemplo a nova abscissa de cada um de seus pontos foi deslocada em quatro unidades para a direita, e a ordenada não sofreu nenhuma alteração.

Proponha agora ao aluno que desenhe o triângulo ABC e o seu transformado A'B'C' obtido após translação vertical de quatro unidades para cima.

Como vimos podemos ter translação horizontal e translação vertical. A translação horizontal acontece quando se substitui o par ordenado (x, y) por (x + a, y), sendo a um número real. Na translação vertical o par (x, y) é substituído por (x, y + b), b real.

Generalizando, temos uma translação quando substituímos o par (x, y) por (x + a, y + b), a e b real, como no exemplo a seguir.

Observe a figura.

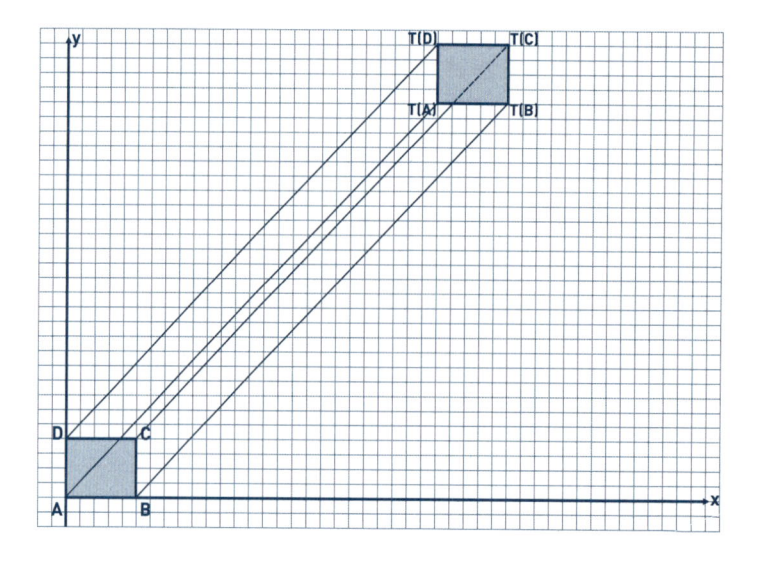

Nela a transformação "transladou" o quadrado ABCD no eixo x em 24 unidades e no eixo y em 28 unidades.

Aqui temos   T(x, y) = (x + a, y + b)

onde a e b, são números reais, chamados parâmetros da translação.

Quais as coordenadas dos pontos A,B,C e D ? E quais as coordenadas dos pontos obtidos após a aplicação dessa translação?

EXEMPLO: Transladar o triângulo de vértice nos pontos (2,5), (3,4) e (1,2), seis unidades no eixo x e três unidades no eixo y.

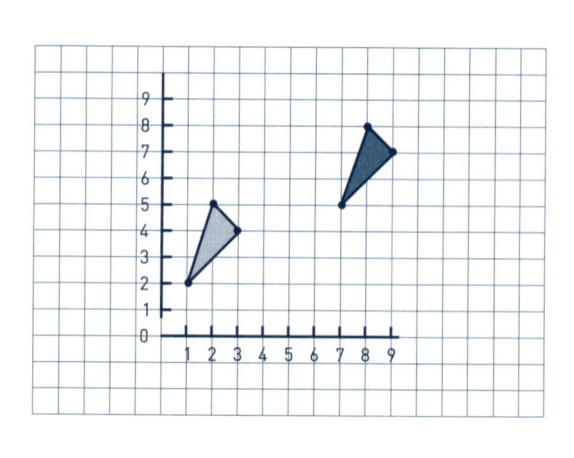

MATRIZ ASSOCIADA A UMA TRANSFORMAÇÃO NO PLANO

Observe o quadrado ao lado. Ele tem como vértices A= (0,0), B= (4,0), C=(4,4) e D = (0,4).

Nele aplicaremos algumas transformações lineares.

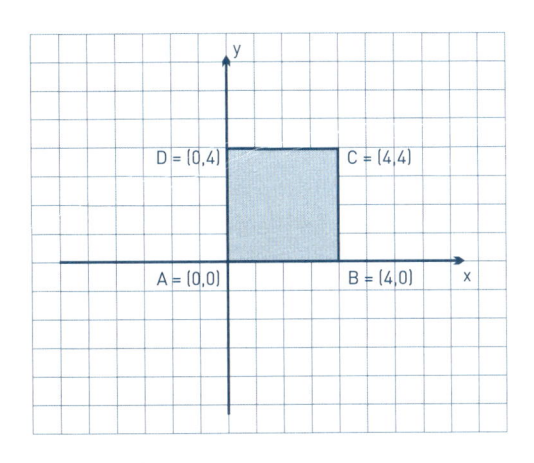

HOMOTETIA

Também chamada de transformação de semelhança, ela associa a cada par ordenado (x,y) o par (kx, ky). O número *k* é chamado razão da homotetia.
$T : R^2 \to R^2$ definida por:

T(x, y) = (kx, ky), (k ≠ 0)

Representação matricial

$$\begin{pmatrix} k & 0 \\ 0 & k \end{pmatrix} \begin{pmatrix} x \\ y \end{pmatrix} = \begin{pmatrix} kx \\ ky \end{pmatrix}$$

Exemplo:
Aqui houve uma ampliação do quadrado de 2 vezes (k=2).

O novo quadrado tem as seguintes coordenadas.

T(A) = (0, 0)
T(B) = (8, 0)
T(C) = (8, 8)
T(D) = (0, 8)

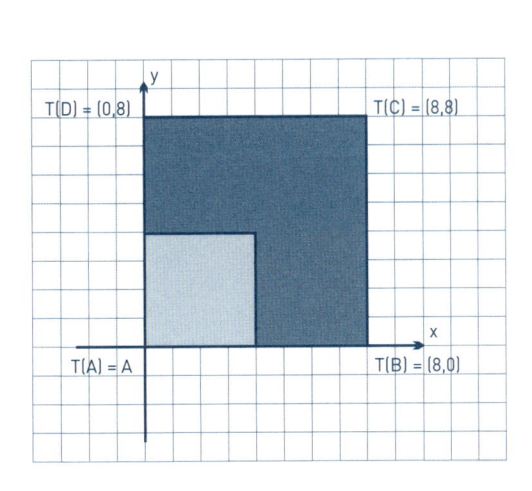

● SIMETRIA CENTRAL

Transformação que associa a cada par ordenado (x, y) o seu simétrico (-x, -y). A simetria central pode ser interpretada como uma rotação de 180°.
S : $R^2 \to R^2$ definida por:

S(x, y) = (-x, -y)

Representação matricial

$$\begin{pmatrix} -1 & 0 \\ 0 & -1 \end{pmatrix} \begin{pmatrix} x \\ y \end{pmatrix} = \begin{pmatrix} -x \\ -y \end{pmatrix}$$

Exemplo:
Aqui houve uma reflexão na origem.

O novo quadrado tem as seguintes coordenadas.

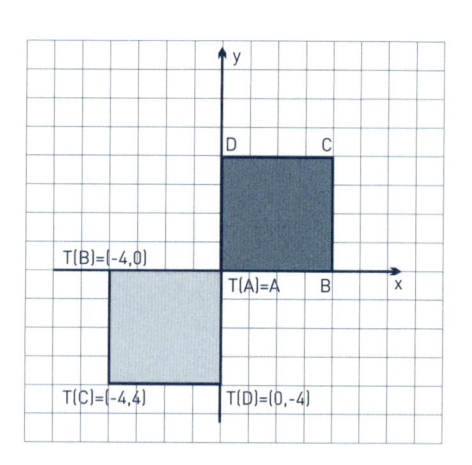

T(A) = (0, 0)
T(B) = (-4, 0)
T(C) = (-4, -4)
T(D) = (0, -4)

● SIMETRIA AXIAL EM RELAÇÃO A OY OU REFLEXÃO (EM OY)

Transformação que associa a cada par ordenado (x,y) o par (-x,y)
T : $R^2 \to R^2$ definida por:

T(x, y) = (-x, y)

Representação matricial

$$\begin{pmatrix} -1 & 0 \\ 0 & 1 \end{pmatrix} \begin{pmatrix} x \\ y \end{pmatrix} = \begin{pmatrix} -x \\ y \end{pmatrix}$$

Exemplo:
Aqui houve uma reflexão em relação a OY. O novo quadrado tem as seguintes coordenadas

T(A) = A
T(B) = (-4, 0)
T(C) = (-4, 4)
T(D) = D

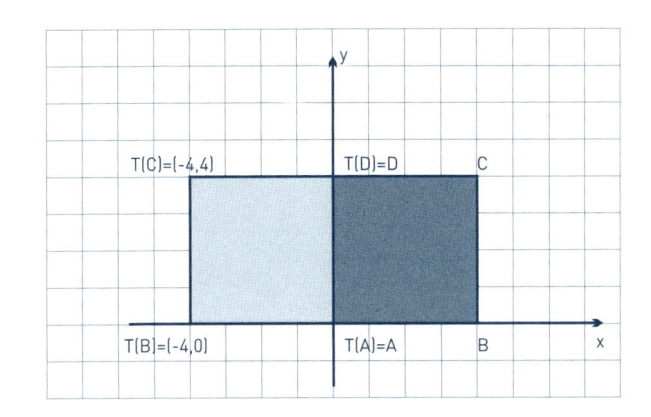

● ROTAÇÃO

Trabalharemos aqui a rotação de figuras em torno da origem do sistema cartesiano ortogonal.

A rotação é obtida quando fixamos um ponto do plano e giramos em torno dele um ângulo θ qualquer, no sentido anti-horário, θ é o ângulo da rotação. R : R² → R definida por:

RΘ (x, y) = (xcos Θ – ysen Θ, xsenΘ + ycosΘ)

Representação matricial

$$\begin{pmatrix} \cos\Theta & -\sen\Theta \\ \sen\Theta & \cos\Theta \end{pmatrix} \begin{pmatrix} x \\ y \end{pmatrix} = R\Theta\ (x, y)$$

O quadrado foi rotacionado em 60°.

Exemplo:

Θ = 60°

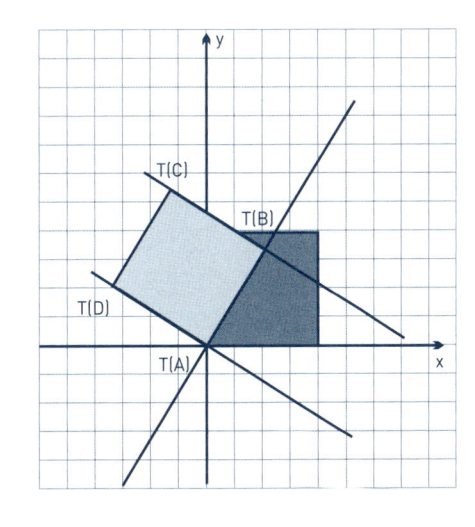

Ressaltamos que nas transformações apresentadas foram utilizadas três diferentes representações do conceito: formal, matricial e gráfica.

Quanto maior o número de representações trabalhadas para construir o significado de um conceito maior possibilidade de construí-lo com significado o aprendiz terá.

ATIVIDADES

1 Há também a reflexão em relação ao eixo das abscissas OX. Nesse caso, associamos o par (x, y) ao par (x, -y). Qual a matriz associada a essa transformação? Usando o quadrado ABCD do exemplo dado anteriormente, escreva as coordenadas do novo quadrado A'B'C'D' obtido após essa transformação. Desenhe no plano cartesiano esses dois quadrados.

2 Usando o quadrado ABCD do exemplo anterior, escreva as coordenadas do novo quadrado A'B'C'D' obtido após a seguinte transformação: reflexão do quadrado em relação à reta y = 8. Nesse caso associamos o par (x, y) a que par? Desenhe no plano cartesiano esses dois quadrados.

3 Usando o mesmo quadrado ABCD escreva as coordenadas do novo quadrado A'B'C'D' obtido após a seguinte transformação: reflexão do quadrado em relação à reta y = – 6. Nesse caso associamos o par (x, y) a que par? Desenhe no plano cartesiano esses dois quadrados.

4 Se refletimos o ponto (5, 7) em relação ao eixo vertical OY que ponto obteremos?

5 Determine as coordenadas do ponto (-3, 5) após reflexão em relação ao eixo das ordenadas OY.

6 A que mudança nas coordenadas dos pontos que definem uma figura corresponde uma translação na direção vertical sete unidades para baixo, seguida de uma translação na direção horizontal quatro unidades para a direita?

7 Que mudança nas coordenadas de um ponto (x, y), corresponde a uma rotação de 90° no sentido anti-horário, em relação à origem? Qual a matriz associada a essa transformação?

8 Para rotacionar o ponto (2,5), 90° em torno da origem, basta multiplicar a matriz associada no caso

$\begin{pmatrix} 0 & -1 \\ 1 & 0 \end{pmatrix}$ por $\begin{pmatrix} 2 \\ 5 \end{pmatrix}$ obtendo $\begin{pmatrix} -5 \\ 2 \end{pmatrix}$

Agora, encontre a nova posição do ponto (-3,4) após rotação de 90° no sentido anti-horário, em torno da origem.

9 Que mudança nas coordenadas de um ponto (x, y), corresponde a uma rotação de 180° no sentido anti-horário, em relação à origem? Qual a matriz associada a essa transformação? Qual o efeito geométrico obtido sobre a figura original, nesse caso?

10 Encontre a nova posição do ponto (3,7) após rotação de 180° no sentido anti-horário, em torno da origem.

11 Que mudança nas coordenadas de um ponto (x,y), corresponde a uma rotação de 270° no sentido anti-horário, em relação à origem? Qual a matriz associada a essa transformação?

12 Encontre a nova posição do ponto (5, -8) após rotação de 270° no sentido anti-horário, em torno da origem.

13 Determine as coordenadas do ponto P, obtido pelo deslocamento do ponto T(3, 4), em cinco unidades para a direita e duas unidades para cima.

14 Determine as coordenadas do ponto P, obtido pelo deslocamento do ponto T(-1, 3), em três unidades para a esquerda e quatro unidades para cima.

15 Determine as coordenadas do ponto P, obtido pelo deslocamento do ponto T(-2, 5), em seis unidades para a esquerda e cinco unidades para baixo.

16 Determine as coordenadas do ponto simétrico de A= (6, 7), em relação ao eixo OY.

17 Determine as coordenadas do ponto simétrico de B = (-3, 2), em relação ao eixo OX.

18 Note que para realizar uma reflexão em relação à reta y = x associamos a cada par ordenado (x, y) o par (y, x), logo a matriz associada a essa transformação é a matriz

$$\begin{pmatrix} 0 & 1 \\ 1 & 0 \end{pmatrix}$$

Assim, para obter as coordenadas dos vértices após aplicação da reflexão em relação à reta y = x ao triângulo cujos vértices são os pontos A = (2, 1), B = (4, -2) e C = (3, -4), precisamos multiplicar a matriz da transformação pela matriz com colunas formada pelas coordenadas desses pontos:

$$\begin{pmatrix} 0 & 1 \\ 1 & 0 \end{pmatrix} \cdot \begin{pmatrix} 2 & 4 & 3 \\ 1 & -2 & -4 \end{pmatrix} = \begin{pmatrix} 1 & -2 & -4 \\ 2 & 4 & 3 \end{pmatrix}$$

Observe que a matriz obtida apresenta nas colunas as coordenadas dos pontos obtidos após aplicação da transformação.

Desenhe no plano cartesiano o triângulo ABC e o seu transformado A'B'C'.

19 Qual a matriz associada à reflexão em relação à reta y = – x?

20 Quais as coordenadas dos vértices de um triângulo obtido após aplicação da reflexão em relação à reta y = – x ao triângulo cujos vértices são os pontos A = (1,2), B = (3,4) e C= (6,3)?

21 Desenhe no plano cartesiano um triângulo cujos vértices sejam dados pelos pontos A(1,2); B(0,0) e C(-1,3). Quais são as coordenadas do novo triângulo obtido após translação vertical de cinco unidades para cima?

22 Desenhe no plano cartesiano a figura formada pelos pontos A(1,1), B(3,1), C(2,2) , D(3,3) e E(1,3). Desenhe agora outra figura com os pontos F(-1,-1), G(-3,-1), H(-2,-2), I(-3,-3) e J(-1,-3). Que transformação ocorreu? Essa transformação é uma isometria?

23 Desenhe agora no mesmo plano cartesiano e com cor diferente, a figura formada pelos pontos K(1,-1), L(3,-1), M(2,-2) , N(3,-3) e P(1,-3). Considerando a figura FGHIJ que transformação ocorreu? Essa transformação é uma isometria?

24 Na sequência de figuras abaixo, um quadrilátero sofre duas transformações geométricas seguidas (T_1 e T_2) que você já conhece. Observe:

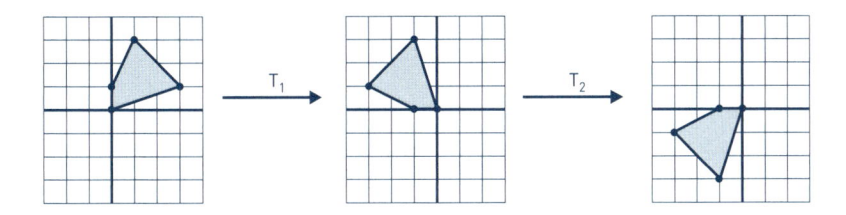

a   Qual o nome dessas transformações?
b   Qual matriz gera cada transformação?

$$T_1 \rightarrow \begin{bmatrix} \end{bmatrix} \quad e \quad T_2 \rightarrow \begin{bmatrix} \end{bmatrix}$$

c   Existe alguma transformação geométrica (T_3) que faz diretamente a transformação da primeira figura na terceira?

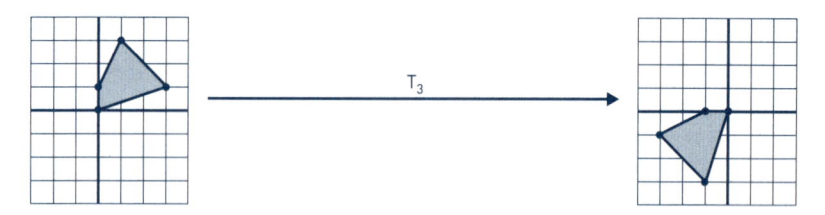

d   Qual a matriz $T_3 \rightarrow \begin{bmatrix} \end{bmatrix}$ dessa transformação?

Observe T_3 que faz diretamente o que T_1 e T_2 fazem em sequência. Quando isso acontece, costumamos dizer que T_3 é "a composta" das transformações T_1 e T_2.

Existe alguma relação entre as matrizes das transformações T_1, T_2 e T_3 estudadas nessa atividade?

25 Agora vamos compor uma rotação de 90° seguida de uma reflexão em torno da reta y = x. Qual matriz gera cada transformação?

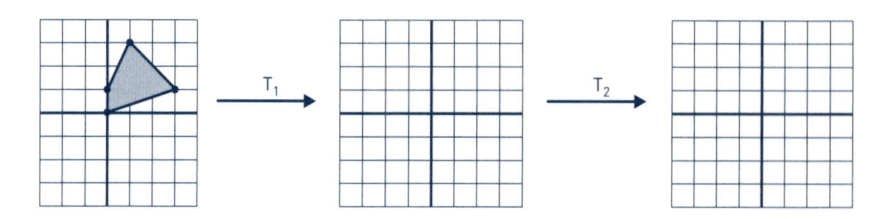

Obtenha a matriz da transformação geométrica que faz diretamente a transformação da primeira figura na terceira, efetuando apenas cálculos com as matrizes de T_1 e T_2.

26 Se invertermos a ordem da realização das transformações T_1 e T_2 haverá alguma diferença no resultado final obtido? Isso sempre ocorrerá?

A questão a seguir é da prova do vestibular da UFG-GO, ano 2009-2.

> Professor, as atividades 24, 25 e 26 foram retiradas da dissertação de mestrado *Estudando matrizes a partir de transformações geométricas* de Vandoir Stormowski (UFRGS-2008) e tratam da composição de transformações.

27 Um polígono pode ser representado por uma matriz F_{2xn}, onde n é o número de vértices e as coordenadas dos seus vértices são as colunas dessa matriz. Assim, a matriz

$$F_{2\times 6} = \begin{pmatrix} 0 & 2 & 6 & 6 & 4 & 2 \\ 2 & 6 & 4 & -2 & -4 & -2 \end{pmatrix}$$ representa o polígono da figura abaixo.

Em computação gráfica, utilizam-se transformações geométricas para realizar movimentos de figuras e objetos na tela do computador. Essas transformações geométricas podem ser representadas por uma matriz $T_{2\times 2}$. Fazendo-se o produto das matrizes $T_{2\times 2} \times F_{2\times n}$, obtêm-se uma matriz que representa a figura transformada, que pode ser uma simetria, translação, rotação ou dilatação da figura original. Considerando a transformação geométrica representada pela matriz

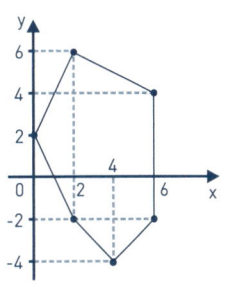

$$T_{2\times 2} = \begin{pmatrix} 3/2 & 0 \\ 0 & -3/2 \end{pmatrix},$$

qual é a figura transformada do polígono representado pela matriz $F_{2\times 6}$ dada anteriormente?

a)

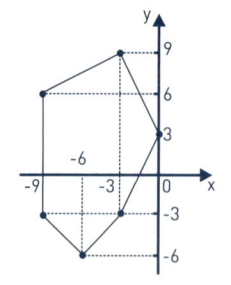

b)

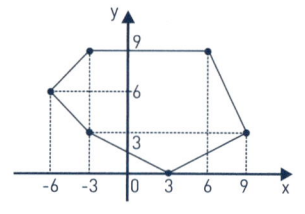

c)

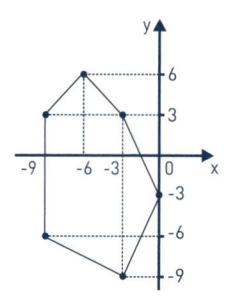

d)

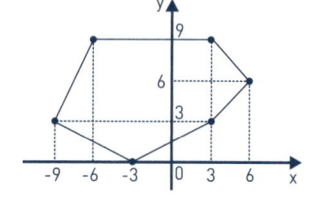

e)

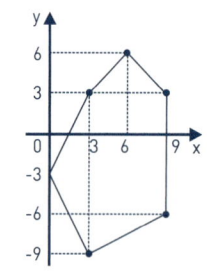

●○ TRANSFORMAÇÕES GEOMÉTRICAS E NÚMEROS COMPLEXOS

Uma maneira interessante de introduzir no ensino médio os números complexos é utilizando as transformações no plano.

Professor, você pode apresentar esse tópico aos estudantes interpretando graficamente as operações com números complexos, como transformações geométricas que ocorrem no plano de Argand-Gauss.

Os números complexos, quando analisados sob o olhar das transformações geométricas, propiciam uma abordagem bastante significativa para o aluno. Todavia, o enfoque geométrico dos números complexos normalmente não tem sido explorado em nossas salas de aula. A abordagem desse conceito tem sido, na maioria das vezes, de caráter puramente algébrico, onde estão ausentes o significado e as aplicações desses números.

O estudo dos números complexos não pode ficar restrito à utilização dos complexos como recurso para a resolução de equações polinomiais.

Como aponta Spinelli (2009, p.6):

> É necessário atingir o degrau do verdadeiro significado dos complexos, que reside na possibilidade de serem gerenciadores de transformações isométricas no plano. Para tanto, a apresentação do plano de Argand-Gauss e a associação entre esse plano e a reta real passa a ser prioridade.

Infelizmente, ainda hoje esses números continuam sendo trabalhados de forma isolada e não é apresentado, ao aluno, sua vasta aplicação. Os números complexos possuem aplicações importantes dentre elas na física, computação gráfica, astronomia e cartografia.

> O ensino usual dos números complexos se baseia em uma abordagem puramente algébrica, onde estão ausentes o significado e as aplicações desses números. Tal fato se explica pela história da descoberta e do desenvolvimento da teoria dos números complexos. No entanto, essa mesma história indica que há outra abordagem possível, a geométrica, onde desde o primeiro momento os complexos se apresentam como pontos ou vetores do plano, e as operações entre eles aparecem como transformações geométricas capazes de sugestiva visualização. Embora descoberta há mais de 200 anos, essa abordagem ainda não é a mais usual no ensino. (Carneiro e Wanderley, 2004, p.4)

Um programa de geometria dinâmica facilita imensamente a visualização das transformações, e é um ótimo recurso para fazer a conexão entre a geometria e o corpo dos complexos.

Uma representação geométrica dos números complexos foi proposta quase simultaneamente no século XIX por 3 cientistas: Wessel (1745-1818), Argand (1768-1822) e Gauss (1777-1855). Essa representação ficou conhecida como plano de Argand-Gauss.

Nesse plano a cada complexo $z = x + iy$, com x e y reais, podemos fazer corresponder um ponto P, no plano de coordenadas (x,y).

Podemos considerar o número complexo z como um segmento orientado com extremidades na origem e no ponto P(x,y).

A compreensão por Argand, Wessel e Gauss dos números complexos como entes algébricos e geométricos, que não podiam ser analisados isoladamente, revela as potencialidades desses números e ainda seu caráter unificador da matemática.

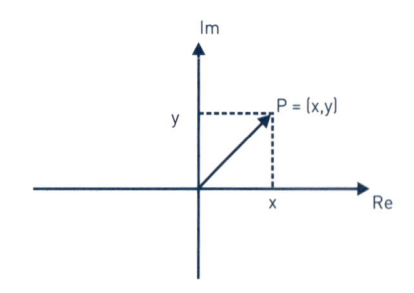

Eles foram os primeiros a identificar os números complexos como pontos (ou vetores) do plano, que se somam pela composição de translações e que se multiplicam pela composição de rotações e dilatações.

Por exemplo, o conjugado de um número complexo $z = x + yi$ é o número $\bar{z} = x - yi$. Geometricamente o conjugado de z é o simétrico a ele em relação ao eixo real do plano complexo.

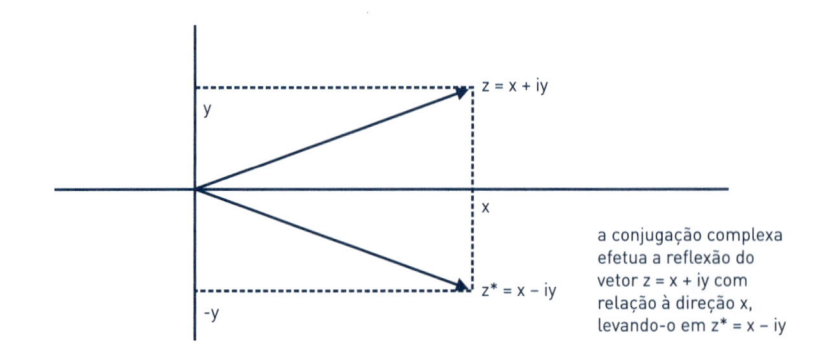

a conjugação complexa efetua a reflexão do vetor $z = x + iy$ com relação à direção x, levando-o em $z^* = x - iy$

Dado o complexo z = a+ib, o produto **z.i** , (z i = -b+ia) também não pode ser visto apenas como uma operação algébrica. É importante que os alunos percebam que, geometricamente, esse produto corresponde a uma rotação do vetor que representa o complexo z, de um ângulo de 90° em torno da origem do plano de Argand-Gauss.

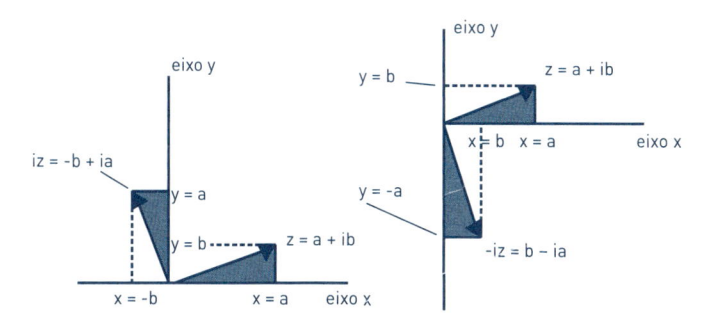

multiplicando o z = a + ib por i ele gira 90° no sentido anti-horário, multiplicando por -i, ele gira 90° no sentido horário

Vejamos um exemplo: O ponto (5,4) representa geometricamente o complexo z = 5 + 4i . Para haver uma rotação de 90° em torno da origem no sentido anti-horário, precisamos multiplicar z por 1 (cos90° + i . sen 90°) que nesse caso é igual a i.

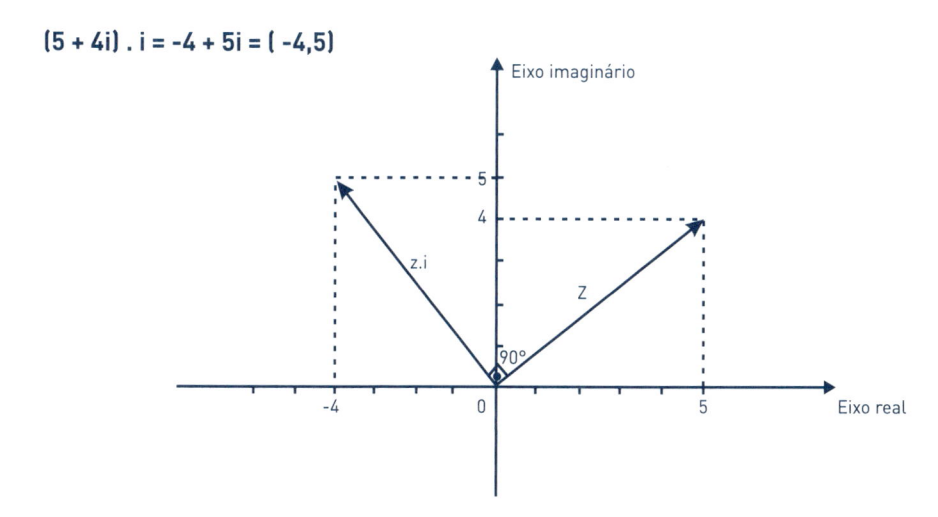

(5 + 4i) . i = -4 + 5i = (-4,5)

Transformações geométricas são interpretações gráficas das operações algébricas efetuadas com os números complexos.

Podemos fazer corresponder várias operações com complexos às respectivas transformações geométricas, como se pode ver na seguinte tabela:

OPERAÇÕES EM C	TRANSFORMAÇÕES GEOMÉTRICAS
Conjugado de um Número Complexo	Reflexão segundo o eixo real
Simétrico de um Número Complexo	Reflexão central com centro na Origem
Adição de um Número Complexo com $w \in C$ $z \rightarrow z+w$	Translação segundo o vetor w
Multiplicação de um Número Complexo por $k \in R$	Homotetia de centro na Origem e razão k
Multiplicação de um Número Complexo por $cis\theta \in C$ $z \rightarrow z cis\theta$ ($cis\theta = cos\theta + i sen\theta$)	Rotação de Centro na Origem e Amplitude θ

Estas cinco operações básicas são suficientes para interpretar geometricamente todas as operações com complexos necessárias. Basta interpretar algumas operações como inversas de algumas destas, e recorrer à transformação geométrica inversa, e outras como compostas de várias operações e recorrer à composta das transformações geométricas correspondentes.

CAPÍTULO 4

POLIEDROS

A importância da geometria é inquestionável tanto sob o ponto de vista de suas aplicações práticas quanto do aspecto do desenvolvimento de diferentes competências e habilidades necessárias à formação de qualquer indivíduo. Ela é uma poderosa ferramenta para a compreensão, descrição e inter-relação com o espaço em que vivemos.

> **O grande desafio em um mundo em que cada vez mais se fazem sentir os efeitos dos avanços tecnológicos é o preparo adequado das novas gerações, e a Geometria é um componente da Matemática extremamente importante na construção desses conhecimentos científicos e tecnológicos, dos quais os cidadãos devem se apropriar.** (Kuenzer, 2005)

A geometria surgiu de necessidades práticas do uso de espaços e ainda é grande a sua utilização em diferentes áreas do conhecimento, como a engenharia, tecnologia, agricultura, arquitetura, astronomia, arte e geografia.

Ela desempenha um papel integrador entre as diversas partes da matemática, além de ser um campo fértil para o exercício de aprender a fazer e aprender a pensar, porque a intuição, o formalismo, a abstração e a dedução constituem a sua essência.

> A geometria desempenha um papel fundamental no currículo, à medida que possibilita ao aluno desenvolver um tipo de pensamento particular para compreender, descrever e representar de forma organizada, o mundo em que vive. Também é fato que as questões geométricas costumam despertar o interesse dos adolescentes e jovens de modo natural e espontâneo. Além disso, é um campo fértil de situações-problema que favorece o desenvolvimento da capacidade para argumentar e construir demonstrações. (PCN, 1998,p.122)

A geometria, talvez mais do que qualquer outro campo da matemática, é uma área propícia para um ensino fortemente baseado na realização de descobertas e na resolução de problemas. Nessa área há um imenso espaço para a escolha de tarefas de natureza exploratória e investigativa. Mas, infelizmente, esse tipo de atividade ainda não tem feito parte da rotina na maioria de nossas salas de aula. A geometria tem sido ministrada às pressas e apresentada aos alunos como um apanhado de fórmulas e regras que devem ser decoradas, sem dar a eles a oportunidade da descoberta. Os alunos tem tido contato com uma geometria desligada da realidade, não integrada a outras áreas do conhecimento, e até mesmo não conectada a outros campos da matemática como a aritmética, análise e álgebra.

Avaliações nacionais, entre elas SAEB e ENEM, revelam que são grandes as dificuldades dos alunos do ensino médio em relação ao campo da geometria. As maiores dificuldades são enfrentadas pelos alunos no estudo da geometria espacial.

Para o estudo da Geometria Espacial é fundamental que os alunos adquiram e desenvolvam diversas habilidades, entre elas a visualização e a intuição. É necessário que eles entendam e interpretem diferentes tipos de representação bidimensionais de objetos tridimensionais. Eles devem aprender como desenhar uma representação de um sólido dado e como construir sólidos a partir de representações planas dadas.

É necessário ainda que os alunos saibam reconhecer um sólido em diferentes posições, identificar suas vistas sob diversos ângulos e os seus elementos, além de conhecer as diferentes planificações desses sólidos e outras planificações que não constroem o determinado sólido.

Para a compreensão da geometria espacial é necessário que se faça a conexão entre 3 habilidades – imagem mental, raciocínio visual, visualização geométrico-espacial quando isso não ocorre, há uma deficiência na percepção do aluno e no desenvolvimento da visualização espacial. Essas deficiências de percepção e visualização comprometem todo o processo de construção da imagem mental. Como o aluno não desenvolveu essas habilidades, ele imagina que estudar geometria espacial se reduz apenas a decorar fórmulas, substituir os dados inseridos no problema e calcular. Não há preocupação com a interpretação do problema em si, e o aluno não tenta esboçar a situação nele proposta para tentar resolvê-lo através de um caminho mais lógico, que valorize sua criatividade e a descoberta, por meio do qual ele possa expor sua lógica e, quando necessário, debatê-la com os colegas.

> **uma imagem visual não apenas organiza os dados disponíveis em estruturas significativas, mas é também um fator importante na orientação do desenvolvimento analítico de uma solução.**
> (Fainguelernt, 1999, p.55)

Como vimos, é fácil encontrar dificuldades no que se refere ao ensino da geometria e, em especial, da geometria espacial no ensino médio, mas difícil é encontrar um caminho para superar essas falhas. O que fazer? Como proceder para tentar sanar alguns desses problemas?

Entre os matemáticos e educadores matemáticos, existe um consenso de que o ensino da geometria deveria começar desde cedo e continuar, de forma apropriada, por todo o currículo de matemática.

A importância de se investigar a introdução da geometria desde o primeiro ano do ensino fundamental até o ensino médio, como exploração do espaço e como uma estrutura lógica, é justificada pelo papel formativo que essa disciplina desempenha na construção do conhecimento nas diferentes áreas e no desenvolvimento da habilidade espacial dos aprendizes. Essa importância da geometria na construção do conhecimento matemático é confirmada pelos resultados de pesquisas realizadas desde a década de 1970. Pode-se afirmar que a geometria oferece um vasto campo de ideias e métodos de muito valor, quando se trata do desenvolvimento intelectual do aluno, do seu raciocínio lógico e da passagem da intuição de dados concretos e experimentais para os processos de abstração e generalização.

É necessário ajudar o aprendiz a construir uma ligação entre os diferentes espaços dimensionais em que se vai trabalhar a geometria, partindo do espaço tridimensional, onde o aprendiz recebe mais estímulos trabalhando com figuras espaciais, possibilitando percorrer o caminho de ida e volta.

$$\text{Espaço} \leftrightarrow \text{Plano} \leftrightarrow \text{Reta} \leftrightarrow \text{Ponto}$$

Através de diferentes estratégias utilizadas no processo ensino-aprendizagem da geometria, o aprendiz tem a possibilidade de desenvolver a capacidade de ativar suas estruturas mentais, facilitando a passagem do estágio das operações concretas para o das operações formais. Agindo dessa forma, teremos possibilidade de contribuir para a melhoria do ensino dessa disciplina.

Dada a importância e relevância da geometria e de seu ensino, muitos são os trabalhos desenvolvidos com o objetivo de superar essas dificuldades. O uso do material concreto, vídeos, laboratório, resolução de problemas contextualizados e o uso de ferramentas computacionais têm se mostrado eficazes na tentativa de superar tais dificuldades.

Neste capítulo, iremos apresentar algumas propostas com a intenção de minimizar os problemas referentes ao ensino e à aprendizagem da geometria espacial com foco no estudo dos poliedros.

●● O ESTUDO DOS POLIEDROS NO ENSINO MÉDIO

Este capítulo tem como ideia central o estudo dos poliedros no ensino médio. As atividades aqui propostas foram pensadas de modo a contemplar as ideias presentes nos Parâmetros Curriculares Nacionais, em nossas vivências e nas pesquisas recentes sobre o tema. Utilizaremos diferentes linguagens, em especial as artes plásticas, linguagem coloquial e novas tecnologias para mediar de forma significativa e contextualizada esse conhecimento.

Sugerimos iniciar o trabalho com os poliedros propondo aos alunos uma aula-passeio. Esse tipo de atividade é uma forma dinâmica de aprendizagem, pois proporciona aproximação entre o objeto estudado e o indivíduo. As aulas-passeio geram efeito positivo sobre o interesse dos alunos e são oportunidades valiosas para aprofundar, ampliar, expandir e enriquecer a aprendizagem fora do ambiente escolar e de maneira interdisciplinar. Elas proporcionam aos alunos uma interpretação *in loco* dos conteúdos ministrados em sala de aula, tornando assim a aprendizagem mais significativa. Esse tipo de atividade foi idealizada pelo pedagogo francês Célestin Freinet (1896-1966).

O objetivo dessa aula é visualizar, identificar e classificar as formas poliédricas e não poliédricas nas construções arquitetônicas da cidade. Os alunos poderão utilizar câmeras fotográficas e celulares para registrarem prédios e construções de sua cidade que tenham a utilização de poliedros e não poliedros na sua estrutura. Depois, de volta à sala de aula, imprimem e editam as imagens. Com todas essas imagens passarão, em grupo, a classificá-las, inicialmente em poliedros e não poliedros (corpos redondos), depois classificarão os poliedros em prismas, pirâmides e outros poliedros. Os alunos deverão ainda nomear cada poliedro e identificar seus elementos: faces, ângulos poliédricos, vértices, arestas, etc. Listar semelhanças e diferenças entre, por exemplo, o cubo e o paralelepípedo, o paralelepípedo e a pirâmide, e planificar cada um dos poliedros. Deverão também classificar os prismas em retos ou oblíquos.

O trabalho com sólidos que não são poliedros é importante para a compreensão do significado do conceito de poliedro. No processo de formação de conceitos é importante o uso de exemplos e não exemplos. Os psicólogos americanos Klausmeier e Goodwin (1977), cujo foco é a área da psicologia cognitiva, salientam essa importância. Para esses pesquisadores, o uso de exemplos e não exemplos possibilita a redução, ou mesmo evita, os erros ocasionados da supergeneralização, subgeneralização e má concepção do indivíduo sobre um conceito. Eles afirmam ainda que há uma certa tendência por parte dos professores em ensinar conceitos somente através de exemplos, omitindo-se os não exemplos. Quando isso acontece, os alunos podem formar conceitos de forma equivocada. Quanto mais diversificados os exemplos e não exemplos do conceito, menor a probabilidade de os alunos formarem conceitos errôneos.

> **O trabalho com sólidos que não são poliedros e com poliedros não convencionais é importante para a compreensão da definição de**

poliedro. A análise de um objeto que não é um poliedro é certamente mais útil para a compreensão do conceito do que a simples apresentação de exemplos e da própria definição. (Tinoco, 1999, p.123)

Ao final dessa atividade, podemos pedir que cada grupo apresente um relatório escrito e um seminário sobre o tema. Sugerimos que todo esse material faça parte de um *blog* criado pela turma. No *blog* além das construções arquitetônicas da sua cidade deve conter imagens de construções e monumentos espalhados pelo Brasil e pelo mundo.

Os *blogs* podem ser um importante recurso pedagógico, já que oferecem espaços de diálogo nos quais os alunos são escritores, leitores, pensadores. Nele devem conter as informações e os conhecimentos apreendidos durante a realização do projeto. As fotos digitais deverão ser postadas e cada grupo deverá fazer um relato avaliando todo o processo de ensino-aprendizagem desenvolvido durante a realização do projeto.

Com esse tipo de trabalho acreditamos que o ensino de poliedros reveste-se de significado.

A seguir algumas construções que podem ser utilizadas na elaboração do *blog*.

Figura 4.1 ▶
Poliedro-paralelepípedo reto retângulo.
Museu de Arte de São Paulo – MASP.

Figura 4.2 ▶
Poliedro-Pirâmide de base quadrangular.
Museu do Louvre em Paris, França.

Figura 4.3 ▶
Não poliedro-Cone.
Catedral Basílica Menor de Nossa Senhora da Glória, em Maringá no Paraná.

Figura 4.4 ▶
Poliedro-Prisma.
Estação Ciência, Cultura e Artes em João Pessoa – PB.

Figura 4.5 ▶
Poliedro – Paralelepípedo oblíquo.
Torres Kio, em Madri, na Espanha.

Figura 4.6 ▶
Não poliedro – Cilindro.
Antigo Hotel Nacional no Rio de Janeiro.

Além dessas imagens, podem ser utilizadas, entre outras, as **pirâmides do Egito**, denominadas como **pirâmides de Gizé**, que se localizam no planalto de Gizé, na margem esquerda do rio Nilo.

Antes de darmos continuidade às propostas de atividades com o tema poliedros, gostaríamos de ressaltar que neste capítulo utilizaremos o termo polígono para indicar a região do plano limitada por uma linha poligonal fechada formada por segmentos de reta conectivos não colineares.

No trabalho com a geometria espacial, muitas das propriedades dos objetos deixam de ser compreendidas pelos alunos em função da abordagem desse conteúdo se basear normalmente em representações estáticas, como ocorre nos livros didáticos. Neles as figuras espaciais são representadas no plano e muitas de suas características não são identificáveis. Essa deficiência vem sendo superada à medida que *softwares* de geometria dinâmica são incorporados à prática de sala de aula.

Geometria Dinâmica é um termo utilizado para nomear um método dinâmico e interativo para o ensino e aprendizagem de geometria usando ambientes computacionais destinados a esse fim.

Veloso (2000) assinala que o uso de ambientes de Geometria Dinâmica está transformando a visão da matemática e do ensino, visto que proporcionam maneiras diferentes das tradicionais para que os alunos compreendam conceitos matemáticos. Nesses ambientes o aluno tem acesso a figuras que, dificilmente, seriam possíveis em ambientes não dinâmicos. Interagindo com as mesmas dando a geometria o estudo das formas e dos movimentos.

Essa e outras pesquisas em educação matemática têm mostrado que o uso da geometria dinâmica como recurso didático não só favorece a exploração e aquisição de conceitos geométricos, como também apresenta vantagens em relação às construções com lápis, régua e compasso. A utilização de diferentes *softwares* permite agilidade na investigação, pois figuras que demorariam muito tempo para serem construídas no papel são criadas em segundos na tela do computador. Essa característica dinâmica permite que a partir de uma única construção, um grande número de experimentações seja efetuado, o que seria bem difícil de se realizar com apenas régua e compasso. Permite também construir diferentes figuras e visualizá-las em diferentes posições, oportunizando aos alunos a possibilidade de interagir com as construções realizadas, modificando-as, animando-as, olhando-as sob diferentes perspectivas e analisando elementos, propriedades e relações isolada ou conjuntamente.

Sobre esse tema, Gravina (2001) afirma que:

> os ambientes de Geometria Dinâmica também incentivam o espírito de investigação Matemática: sua interface interativa, aberta à explo-

> ração e à experimentação, disponibiliza os experimentos de pensamento. Manipulando diretamente os objetos na tela do computador, e com realimentação imediata, os alunos questionam o resultado de suas ações/operações, conjecturam e testam a validade das conjecturas inicialmente através dos recursos de natureza empírica.
> (Gravina, p.89-90)

Além das contribuições na atividade cognitiva relacionada à matemática, os *softwares* contribuem para aumentar a motivação dos alunos para a aprendizagem.

A seguir, sugerimos alguns *softwares* que você, professor, pode utilizar em sala de aula para explorar o tema poliedros. Como falamos anteriormente nossa intenção neste texto é alertar sobre a importância da utilização de diferentes softwares e não ensinar a usá-los, pois cada um deles apresenta manuais diferentes de utilização.

● POLY

O Poly é um *software* gratuito que apresenta características interessantes, como o movimento de rotação do sólido e alteração de tamanho. Além da visualização, esse *software* facilita a compreensão das propriedades de cubos, paralelepípedos, prismas, pirâmides, bem como a planificação desses sólidos. É uma criação Pedagoguery Software e possui uma grande coleção de sólidos, platônicos e arquimedianos, entre outros. O Poly pode ser obtido no *site* www2.mat.ufrgs.br/edumatec/softwares/soft_geometria.php.

● GEOGEBRA

Geogebra é um *software* gratuito de matemática dinâmica que reúne recursos de geometria, álgebra e cálculo. Ele tem a vantagem didática de apresentar, concomitantemente, duas representações diferentes de um mesmo objeto que interagem entre si: sua representação geométrica e sua representação algébrica. Ele foi desenvolvido por Markus Hohenwarter, docente do departamento de matemática aplicada da Universidade de Salzburgo, na Áustria.

O Geogebra permite criar páginas *web* interativas, chamadas folhas de trabalho dinâmicas, o que permite que, em uma página HTML, se trabalhe diretamente com o *software*. Ele está disponível em http://www.professores.uff.br/hjbortol/geogebra/index.html, em http://www.baixaki.com.br/download/geogebra.htm ou ainda em http://www.geogebra.org.

WINGEOM

O *software* gratuito Wingeom permite fazer construções geométricas em 2 ou 3 dimensões, e por meio de animação possibilita verificar diversas propriedades geométricas. Nele é possível modificar os elementos gráficos das figuras (cor, espessura de segmento, dimensão ou legenda). Foi desenvolvido pelo professor Richard Parris da Philips Exeter Academy. Está disponível em http://www.math.exeter.edu/rparris ou ainda em http://www2.mat.ufrgs.br/edumatec/softwares/soft_geometria.php.

CALQUES 3D

Esse *software* é gratuito e funciona como um laboratório de aprendizagem da geometria espacial, onde o aluno pode testar suas conjecturas através de exemplos e contra exemplos.

A construção dos elementos geométricos, pontos, retas, planos, sólidos, uma vez realizada pode ser deslocada pela tela sem que haja alterações nas relações que compõem a construção, facilitando os trabalhos, pois evita a repetição de passos já realizados. Uma mesma cena pode ser visualizada de ângulos diferentes, permitindo assim que o aluno tenha uma melhor percepção tridimensional.

Foi desenvolvido em 1999 pelo professor Nicolas van Labeke da Universidade de Edinburgh, na Inglaterra, como parte de sua tese de doutorado. E pode ser obtido em http://www.calques3d.org/ ou ainda em http://www.uff.br/calques3d/index.html.

É importante nesse momento ressaltar que devemos trabalhar diferentes representações em um mesmo objeto, então é fundamental para o trabalho com os poliedros que se alie ao uso das ferramentas computacionais, a utilização de artefatos tridimensionais. O aluno precisa manusear diferentes poliedros, planificá-los e depois remontá-los de forma a identificar e analisar suas características e propriedades.

> A habilidade de pensar em termos de diferentes tipos de sistema de representação favorece o bom desempenho e a competência no pensar matemático, em particular no pensar geométrico. (Arcavi e Schoen Feld, apud Fainguelernt, 1999, p.58).

Então, que tal propor aos alunos uma parceria na **construção de um laboratório de ensino de matemática?**

O laboratório de ensino de matemática (LEM) é um ambiente propício à aprendizagem e às descobertas. Ele é um espaço que pode ser montado na escola ou na própria sala de aula, onde podemos ter materiais diversos, entre eles livros, caixas e embalagens, jogos, vídeos e materiais manipuláveis. Os próprios alunos podem construir alguns desses materiais, inclusive com sucata, que serão utilizados como auxiliar no processo de construção dos conceitos matemáticos e, em especial, na construção dos conceitos geométricos.

O LEM deve ser um espaço onde os alunos vivenciam situações pedagógicas desafiadoras, manipulam objetos, constroem diferentes materiais e desenvolvem conhecimentos, sanam dúvidas e curiosidades.

Sobre a importância desses laboratórios para os processos de ensino e de aprendizagem de matemática e sua eficiência, o professor Júlio César de Mello e Sousa, conhecido como Malba Tahan, escreveu em 1962 em seu livro de didática da matemática – segundo volume : "O professor de matemática que dispõe de um bom laboratório poderá, com a maior facilidade, motivar seus alunos por meio de experiências e orientá-los, mais tarde com a maior segurança pelo caminho das pesquisas mais abstratas".

Interpretando Malba Tahan, ressaltamos a importância da construção do significado de conceitos geométricos iniciando por atividades concretas e a cada nível de ensino propor aos alunos atividades que os levem a desenvolver o pensamento abstrato.

Em várias universidades brasileiras há laboratórios desse tipo.

Por exemplo, no Instituto de Matemática da UFF em Niterói, RJ, há o LEG, Laboratório de Ensino de Geometria, que é coordenado pela professora Ana Maria M. R. Kaleff. Sua característica é ser um núcleo de desenvolvimento e difusão de pesquisas em Educação Matemática, tendo como objetivo a criação de materiais e métodos adequados ao desenvolvimento das habilidades geométricas de alunos da escola básica, de licenciandos, e de docentes em formação continuada. Ele foi institucionalizado junto ao Departamento de Geometria em 1994.

Nos diversos projetos do LEG, são criadas atividades nas quais são utilizados materiais concretos, manipuláveis e de baixo custo – como jogos, quebra-cabeças, modelos artesanais de poliedros e pequenos aparelhos – destinados ao ensino e à divulgação da geometria elementar. Para conhecer mais sobre esse laboratório, sobre o seu Museu Interativo e outras propostas entre no *site* http://www.uff.br/leg/.

Podemos citar ainda o LEPAC, Laboratório de estudos e pesquisa da aprendizagem científica, criado em 1991, como fruto da iniciativa dos professores Rômulo Marinho do Rêgo e José Chianca, do Departamento de Matemática, e do professor Francisco Pontes da Silva, do Centro de Educação da Universidade Federal da Paraíba. Nele há um grande acervo de Kits e materiais didáticos, além de livros de Matemática, Educação Matemática e de livros paradidáticos.

Todos os anos o LEPAC organiza a Exposição Matemática e Imaginação, que tem como principal objetivo proporcionar um contato lúdico e desafiador da comunidade e, em especial, aos alunos da rede de ensino da região de João Pessoa, com a Matemática utilizando uma abordagem de ensino atraente e motivadora. Para conhecer com mais profundidade o trabalho desenvolvido por esse laboratório, basta acessar http://www.mat.ufpb.br/lepac/frame.htm.

E ainda mais dois laboratórios implantados na Universidade Severino Sombra, em Vassouras, Rio de Janeiro. Um deles foi criado em 2000, com recursos da própria Universidade, e tem como objetivo oferecer oficinas para professores de Matemática do 6º ao 9º ano do ensino fundamental e do ensino médio da Região Sul Fluminense. Nele há material concreto, livros, materiais construídos pelos professores e pelos alunos com sucata e também diferentes *softwares* educativos. O outro laboratório foi criado em 2011, pela professora Estela Kaufman e é voltado para a pesquisa nos anos iniciais do ensino fundamental. Ele foi financiado pela FAPERJ e nele são oferecidas oficinas para professores e alunos das escolas municipais da Região Sul Fluminense, bem como para alunos licenciandos dos cursos de Pedagogia e de Matemática da Universidade. Muitos são os trabalhos desenvolvidos nesses dois laboratórios. Para saber um pouco mais basta entrar no *site* www.uss.com.br.

Figura 4.7 ▶
Manipulação de materiais concretos.

Para aprofundamento desse tema, sugerimos a você, professor, a leitura do livro *O laboratório de ensino de matemática na formação de professores*, de Sérgio Lorenzato (org.) da Autores Associados, Campinas, SP, publicado em 2006.

Como vimos, o trabalho com o LEM pode enriquecer, e muito, as propostas de atividades em sala de aula com a Geometria Espacial, além disso, a montagem de um laboratório de ensino de matemática na escola abre possibilidades para a integração entre as diversas áreas do conhecimento.

Muitos são os materiais do LEM que podem ser utilizados nas atividades com os poliedros. Além dos instrumentos de desenho, do papel quadriculado e pontilhado, podemos fazer uso de diversos sólidos geométricos feitos por dobraduras de papel ou outro material, de planificações, quebra-cabeças geométricos, entre outros materiais. Um excelente artefato é o GEOESPAÇO, o geoplano tridimensional.

Com ele, esqueletos dos sólidos geométricos são construídos com o auxílio de ligas elásticas de borracha, presas entre os ganchos de dois planos, delimitados por ligas, que formam polígonos nas duas malhas quadriculadas. Por exemplo, com um simples deslocamento de um dos polígonos e das borrachas correspondentes podemos rapidamente transformar um prisma reto em um prisma oblíquo de mesma base.

O Geoespaço favorece o desenvolvimento de habilidades específicas, como a percepção espacial, a visualização de cortes e planos de simetria, e permite ainda ao aluno perceber as relações existentes entre volumes de diferentes sólidos geométricos.

Figura 4.8 ▶
Geoespaço.

Como sabemos, não faltam argumentos favoráveis sobre a importância do apoio visual ou do visual-tátil como facilitadores da aprendizagem. Mas é importante ressaltar que a simples manipulação de objetos não leva à construção e compreensão dos conceitos.

> Recursos didáticos como jogos, livros, vídeos, calculadoras, computadores e outros materiais têm um papel importante no processo de ensino e aprendizagem. Contudo, eles precisam estar integrados a situações que levem ao exercício da análise e da reflexão, em última instância, a base da atividade matemática. (PCN, 1997, p.19)

É preciso que o professor crie diferentes situações para fazer com que os alunos, a partir da manipulação desses materiais, possam refletir, fazer conjecturas, testá-las, validá-las ou refutá-las, procurar generalizações, formular soluções e descobrir estruturas.

> Os conceitos matemáticos a serem adquiridos pelos sujeitos, com o auxílio do professor, bem como as representações desses conceitos

não estão nos materiais didáticos, mas nas ações interiorizadas pelo sujeito, pelo significado que dão às suas ações, às formulações que enunciam, às verificações e relações que realizam, necessitando para isso o estabelecimento de abstrações e generalizações. (Nehring e Pozzobon, 2007)

Como vimos, tanto o uso de materiais manipuláveis quanto de ambientes informatizados de aprendizagem favorecem a construção do conhecimento pelo aluno. Mas para desenvolvermos realmente um trabalho eficiente e significativo com o tema poliedros devemos aliar ao uso de *softwares* de geometria dinâmica e de materiais manipuláveis, o desenvolvimento de atividades investigativas. O aluno precisa assumir o papel de investigador, construtor de seu conhecimento. Ele, a partir de diferentes situações-problema, deve ser levado a experimentar, interpretar, visualizar, conjecturar, generalizar e abstrair.

Segundo Abrantes (1999), na geometria há um imenso campo para a escolha de tarefas de natureza exploratória e investigativa que podem ser desenvolvidas na sala de aula sem necessidade de um grande número de pré-requisitos. Com esse tipo de atividade os alunos passam a assumir um papel mais ativo e autônomo nas aulas. Eles exploram situações e ideias, fazem e testam conjecturas, generalizam, justificam e provam alguns resultados.

A partir de agora, iremos sugerir algumas atividades para dar continuidade ao trabalho com os poliedros. Nessas atividades serão exploradas representações espaciais por meio de construção de sólidos geométricos (modelos esqueleto e casca), bem como sua representação no plano. Iremos ainda propor atividades que permitirão aos alunos identificar propriedades e estabelecer algumas classificações e relações entre os diferentes poliedros. Tentaremos também identificar nas atividades propostas alguns resultados importantes da geometria plana, como semelhança e congruência de figuras.

É importante que todo esse trabalho seja realizado em dupla ou em pequenos grupos.

O professor deve propor as atividades, fazer questionamentos durante a realização destas e discutir com os alunos os resultados encontrados. Ao final, ele deve solicitar aos grupos um registro individual ou coletivo das ações realizadas, as conclusões obtidas e as dúvidas encontradas durante a execução do trabalho. Para Ponte e colaboradores (2003), em uma atividade investigativa a fase da discussão constitui uma etapa extremamente importante.

> **A fase de discussão é, pois, fundamental para que os alunos, por um lado ganhem um entendimento mais rico do que significa investigar e, por outro, desenvolvam a capacidade de comunicar matematicamente e de refletir sobre o seu trabalho e o seu poder de argumentação. Podemos mesmo afirmar que, sem a discussão final, se corre o risco de perder o sentido da investigação.** (Ponte et al., 2003, p.41)

Esses mesmos autores afirmam ainda que "é somente quando se dispõem a registrar as suas conjecturas que os alunos se confrontam com a necessidade de explicitarem suas ideias e estabelecerem consensos e um entendimento comum quanto às suas realizações" (2003, p.33).

Para a realização dessas atividades, o professor ainda pode indicar diversos materiais, entre eles diferentes livros didáticos, já que é importante os alunos terem oportunidade de entrar em contato com diferentes abordagens sobre o mesmo assunto.

Para estimular a continuidade do estudo, sugerimos que os alunos assistam ao primeiro programa da série "Mão na Forma", produzido pela TV ESCOLA, SEED/ FNDE/ MEC denominado **Os sólidos de Platão.** Esse vídeo tem duração aproximada de 10 minutos e está disponível em http://www.youtube.com/watch?v=PF8yxfrq5lg

Acreditamos que com esse vídeo os alunos fiquem mais interessados em trabalhar os conceitos, instigados a construir os materiais expostos e a descobrir as histórias que envolvem os poliedros de Platão e outros fascinantes poliedros.

Então, mãos à obra!

ATIVIDADES

1 Pesquise em livros e na internet a obra "Composição" do grande artista plástico brasileiro Milton Dacosta (1915-1988), pintada em 1942. Nela figuram diferentes poliedros e corpos redondos. Que nome recebem esses sólidos? Desenhe os poliedros que figuram na obra em uma malha pontilhada e faça uma leitura dessa obra construindo uma instalação.

2 Observe agora a obra *Habitantes* do artista plástico, gráfico e curador Paulo Roberto Leal (1946-1991).

Essa obra é uma instalação com um *puzzle*. Nela o artista convida o espectador para desarticular/rearticular esse *puzzle*. (Ver www.itaucultural.org.br)

O elemento jogo é uma constante na obra desse artista. O espectador vivencia a obra, reconstruindo e recombinando suas partes como em um quebra-cabeças.

Pesquise a definição de poliedro convexo e depois destaque, da obra *Habitantes,* aqueles poliedros que são convexos e os que não são convexos.

Habitantes, 1983 madeira pintada.
Reprodução fotográfica João Bosco.

3 Dê exemplo de um poliedro convexo que tenha um número ímpar de vértices.

4 Dê exemplo de um poliedro convexo que tenha um número par de faces.

5 Determine o número de arestas, faces e vértices dos poliedros que figuram no quadro de Dacosta. Existe alguma relação entre o número de arestas, vértices e faces nesses poliedros?

6 Verifique se para cada um dos poliedros vale a relação V-A+ F=2. Essa relação é chamada Relação de Euler. Faça uma pesquisa sobre **matemático suíço Leonhard Euler (1707-1783)**, que deu nome a essa relação.

7 A relação de Euler é válida para todo poliedro convexo. O número **2** é chamado a "característica" dos poliedros convexos. Mas nem sempre um poliedro que satisfaça essa relação é convexo. Desenhe um poliedro que satisfaz a relação de Euler, mas que não é um poliedro convexo. Depois, planifique-o.

Figura 4.9 ▶
Euler.

8 Sabendo que um poliedro convexo possui 12 vértices e de cada um deles saem 5 arestas. Calcule o número de faces desse poliedro.

9 Existe poliedro convexo que possua o número de vértices igual ao número de arestas? Por quê?

10 Demonstre que: "se um poliedro convexo possui o número de vértices igual ao número de faces, então o seu número de arestas é par".

11 Há prismas na obra *Composição* de Dacosta? Qual é a forma das faces laterais de um prisma?

> Professor, você pode trabalhar com os alunos diferentes embalagens que tenham a forma de prisma. Os alunos podem manipulá-las e planificá-las.

12 Que outros poliedros figuram na obra de Dacosta? Descreva com suas palavras algumas das características desses poliedros.

13 O prisma que figura na obra de Paulo Leal é reto ou oblíquo? Justifique sua resposta. Que nome recebe esse prisma?

14 Desenhe em uma malha pontilhada um prisma oblíquo.

15 Considere um prisma cujas bases são polígonos de **N** lados. Quantas faces têm esse prisma? E quantos vértices? E quantas arestas?

16 Há pirâmides na obra *Composição* de Dacosta. Qual a forma das faces laterais de uma pirâmide? Pode-se afirmar que o número de vértices de uma pirâmide é sempre um número ímpar? Por quê?

> Professor, você pode nesse momento explorar a natureza das faces de uma pirâmide, que podem ser oblíqua ou reta, e definir pirâmide regular. Explorar ainda que nessas pirâmides as faces laterais são triângulos isósceles e congruentes.

17 Faça uma lista de semelhanças e diferenças entre prismas e pirâmides.

18 Considere uma pirâmide cuja base é um polígono de **N** lados. Quantas faces têm essa pirâmide? E quantos vértices? E quantas arestas?

19 Desenhe uma pirâmide reta de base pentagonal. Depois desenhe a sua planificação.

20 Construa com a malha dada ao lado e com dobraduras, um tetraedro e um tronco de tetraedro.

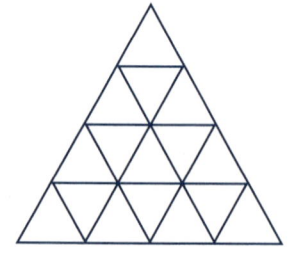

21 Todo tetraedro é uma pirâmide de base triangular? Justifique.

22 Toda pirâmide de base triangular é um tetraedro? Justifique.

23 Você sabe o que é um poliedro regular? Defina. Construa diferentes poliedros regulares com triângulos equiláteros. Registre para cada um as principais características: número e tipo de faces, número de vértices e de arestas. Quantos poliedros você conseguiu construir com faces triangulares? Faça o mesmo agora tomando quadrados. Quantos poliedros você conseguiu construir com faces quadrangulares? Faça o mesmo agora tomando pentágonos. Quantos poliedros você conseguiu construir com faces pentagonais? Tente agora a construção usando hexágonos, heptágonos, octógonos, etc. Quantos poliedros regulares foi possível construir? Haverá mais? Justifique sua resposta.

> Sugerimos que nesse momento você, professor, utilizando a fórmula de Euler, demonstre que existem apenas 5 poliedros regulares convexos: o tetraedro regular, o hexaedro regular e o octaedro regular, o dodecaedro regular e o icosaedro regular. Sugerimos ainda que faça a leitura do livro *Poliedros de Platão e os dedos da mão* de Nilson José Machado.

24 Dê exemplo de dois poliedros que não sejam regulares.

25 Pesquise a definição de prisma regular. Um prisma regular é sempre um poliedro regular? Justifique.

26 Pesquise a definição de pirâmide regular. Uma pirâmide regular é sempre um poliedro regular? Justifique.

27 Você sabe o que são poliedros platônicos? Defina. Quem foi Platão?

28 Todo poliedro regular é um poliedro de Platão, mas será que todo poliedro de Platão é regular? Pesquise.

29 O magnífico pintor holandês Maurits Cornelius Escher (1898 -1972) referência obrigatória, em qualquer trabalho envolvendo matemática e arte também utilizou poliedros em suas obras. Os cinco poliedros de Platão: o cubo, o tetraedro, o octaedro, o dodecaedro e o icosaedro são figuras frequentes nas obras de Escher, como exemplifica a obra *Estrelas*, de 1948.

Figura 4.10 ▶
Platão.

Nesta obra, Escher desenhou os poliedros de Platão e outros poliedros. Destaque dessa obra um poliedro que não seja de Platão, justificando a sua resposta.

30 O grande Leonardo da Vinci produziu vários trabalhos envolvendo poliedros. Uma série de 60 figuras criadas por ele, foi usada por Luca Pacioli (1445-1514) no livro *Da divina proportione"* publicado em1509. Pesquise outros artistas, diferentes dos apresentados neste livro, que utilizaram poliedros para criar suas obras. Depois use de toda a criatividade para elaborar a sua própria obra, tendo como tema poliedros. Não esqueça de dar um nome para a sua obra.

Figura 4.11 ▶
Estrelas.

Essas foram algumas das atividades que você, professor, pode utilizar no trabalho com os poliedros. Mas é bom lembrar que visualizar um poliedro pelo nome ou do desenho em uma folha de papel é uma tarefa um pouco árdua para um aluno.

> Professor, você poderá reforçar nesse momento que na obra de Escher aparecem poliedros e também esqueletos de poliedros.

É fundamental que esse aluno disponha durante as atividades de um poliedro concreto para a visualização, a exploração, a planificação e a identificação dos elementos e das propriedades.

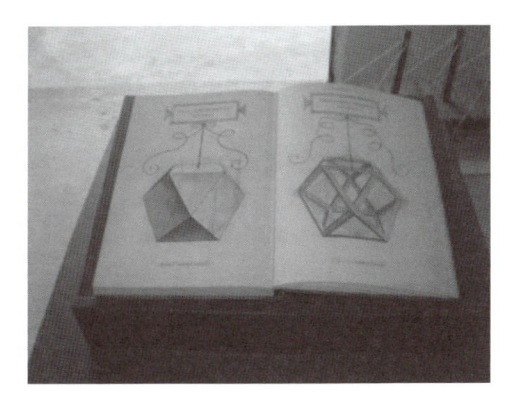

Figura 4.12 ▶

Figura 4.13 ▶
Da Vinci.

> Professor, você pode nesse momento recordar o que é a divina proporção.

A visualização é uma habilidade fundamental. Kaleff (1998) assinala que a habilidade de visualização não é inata a todos os indivíduos, contudo ela pode ser desenvolvida. Para essa autora, um dos caminhos para desenvolvê-la seria dispor de um apoio didático baseado em materiais concretos representativos do objeto geométrico de estudo. Ela diz que "ao visualizar objetos geométricos, o indivíduo passa a ter controle sobre o conjunto das operações mentais básicas exigidas no trato da Geometria" (Kaleff, p.16).

Fainguelernt (1999, p.53) afirma que "visualização geralmente se refere à habilidade de perceber, representar, transformar, descobrir, gerar, comunicar, documentar e refletir sobre as informações visuais". Ela ainda diz que "conseguimos constatar a importância da visualização não só pelo seu valor, mas também pelo tipo de processos mentais envolvidos que são necessários e podem ser transferidos tanto para as outras partes da matemática como para as outras áreas do conhecimento".

Para a construção de modelos concretos dos poliedros, podemos utilizar dobraduras de papel, planificações, bem como poliedros feitos com canudos e linha ou palitos de churrasco. É importante fazermos uso de diferentes recursos, pois cada um deles contribui diferentemente no aprendizado.

Proponha então aos alunos que construam dois tipos de representações concretas: os modelos de poliedros do tipo esqueleto, que representam as arestas desses poliedros, e os modelos do tipo casca, que representam a superfície, as faces dos poliedros.

Observe que na obra *Estrelas* de Escher aparecem tanto o modelo de poliedros tipo casca e quanto o do tipo esqueleto.

Sugerimos que os alunos observem a obra e iniciem a proposta construindo os modelos de poliedros do tipo esqueleto. Eles serão montados a partir de varetas de madeira ou canudos plásticos.

Essa atividade deve ser feita em grupo. Cada grupo ficará responsável por construir 5 poliedros diferentes: um tetraedro regular, um hexaedro regular, um octaedro regular, um dodecaedro regular e um icosaedro regular.

Para a construção desses poliedros você pode apresentar aos alunos o vídeo *Oficina de poliedros* que ensina como construir um tetraedro, um octaedro e um icosaedro utilizando palitos de churrasco e cola: http://www.youtube.com/watch?v=AR-aF0JB6ik&feature=related.

Você pode utilizar também as atividades 1, 2, 3 e 4 propostas no trabalho *Poliedros de Platão e seus duais* elaborado pela professora Ana Maria Kaleff. Esse trabalho pode ser acessado pelo *site* http://www.cdme.im-uff.mat.br/ . Nele há o passo a passo para a montagem com canudinho e linha do hexaedro regular, do tetraedro regular, do octaedro regular e do icosaedro regular.

Peça aos alunos para investigarem em livros e na internet a construção do dodecaedro regular.

Observe que o número de canudos ou varetas utilizado nas construções é sempre igual ao número de arestas e que a rigidez de cada peça construída dependerá da forma de suas faces; se apenas triangulares a figura será rígida, caso contrário será flexível.

No cubo construído com canudos a estrutura não é rígida. Para que ela fique rígida é necessário colocar algumas diagonais de suas faces, ou uma de suas diagonais interiores, ligando

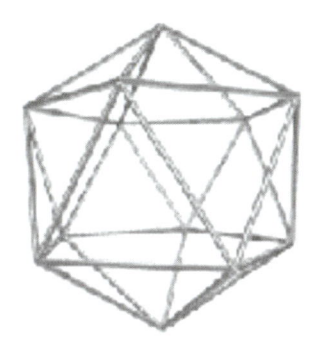

Figura 4.14 ▶
Dodecaedro regular.

dois vértices opostos de duas de suas faces paralelas. Esse é um bom momento para definir diagonais do cubo e para pedir aos alunos que investiguem quantas são as diagonais de um cubo, diferenciando-as das diagonais de cada uma das faces do cubo.

Pode-se pedir ainda que os alunos tracem duas diagonais do cubo e questionar se essas duas diagonais se interceptam formando um ângulo reto.

Observe a obra *Cubo com fitas mágicas*, de Escher.

Nela Escher representou só o esqueleto do cubo. Note que ele traçou em quatro das faces desse cubo, uma das diagonais.

Observe outra obra. Ela foi denominada "Alva com 8 cabeças", e é do pintor e escultor José Bechara que vive e trabalha no Rio de Janeiro. Nela foram usados dois tipos de representações concretas: o modelo do cubo do tipo esqueleto e o modelo do tipo casca.

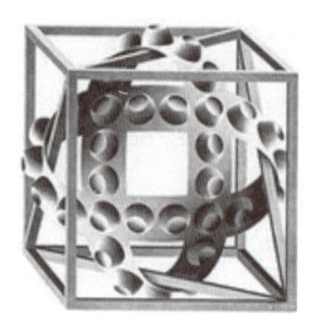

Figura 4.15 ▶
Cubo com fitas mágicas, 1957.
31 × 31 cm

Você, professor, poderá utilizar essas duas obras para realizar muitas atividades interessantes com seus alunos.

Todos os modelos de poliedros do tipo esqueleto construídos anteriormente poderão ser explorados posteriormente durante o estudo dos planos de simetria.

A partir de agora, professor, você pode propor aos seus alunos a construção dos modelos de poliedros do tipo casca. Esses modelos podem ser obtidos a

Figura 4.16 ▶
Alva com 8 cabeças. Série Esculturas Gráficas 2010.
Coleção do artista.
Foto: Everton Ballardin

partir de planificações dos poliedros ou ainda por meio de peças feitas por origami. Os modelos obtidos a partir de vários módulos construídos por dobraduras são mais resistentes à manipulação que os feitos a partir da planificação.

Vejamos algumas planificações.

Figura 4.17 ▶
Octaedro regular.

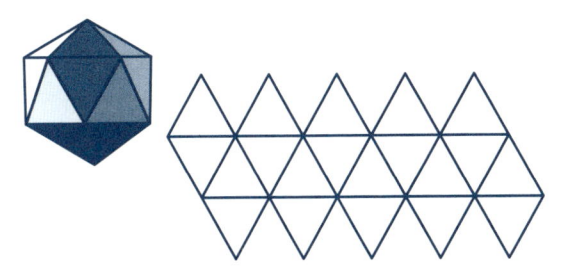

Figura 4.18 ▶
Icosaedro regular.

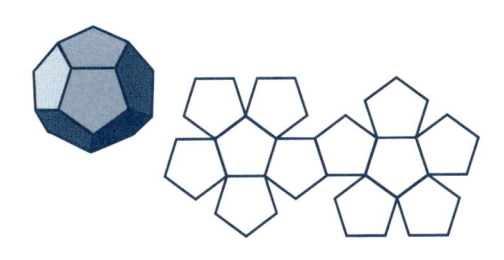

Figura 4.19 ▶
Dodecaedro regular.

O modelo tipo casca não é adequado à visualização das arestas ocultas do sólido, ele apenas permite a percepção do sólido como um todo. O modelo tipo casca ainda permite a exploração das características dos polígonos que constituem as faces dos poliedros.

Para conhecer o passo a passo para as dobraduras do tetraedro, octaedro, icosaedro e hexaedro (cubo) você pode ler o livro *Geometria das dobraduras* de Luiz Márcio Imenes, que é uma referência muito útil e enriquecedora para este tipo de atividade.

Um outro livro que traz essas construções, e que não pode deixar de ser citado nesse texto, é o livro *Vendo e entendendo poliedros: do desenho ao cálculo do volume através de quebra-cabeças e outros materiais concretos*, de Ana Maria M. R. Kaleff. Nele, você irá encontrar planificações dos poliedros, o passo a passo das dobraduras dos sólidos regulares de Platão e a construção desses poliedros utilizando canudos e linha. Além disso, encontrará muitas outras atividades interessantes.

Ao longo deste capítulo, usaremos novamente como referência outros materiais e atividades presentes nesse livro.

Você pode encontrar também o passo a passo das dobraduras das peças que formam o tetraedro regular e as que formam o hexaedro regular, além de dobraduras de muitos outros poliedros no *site*: http://www.sbem.com.br/files/ix_enem/Minicurso/Trabalhos/MC53237927520T.doc.

Durante a construção dos poliedros, você pode realizar alguns questionamentos, por exemplo:

1. Observe o passo a passo da dobradura de cada peça triangular que compõe o tetraedro. Se quisermos que esse tetraedro tenha aresta **x** cm, qual deve ser a medida do lado do quadrado de papel que precisamos usar para iniciar a dobradura da peça?
2. Qual deve ser a medida do lado do quadrado de papel que será utilizado para confeccionar, a partir de dobraduras de papel, cada uma das peças que formam o icosaedro de aresta igual a 10 cm?
3. Desenhe uma planificação do cubo. Você sabia que o cubo tem onze planificações diferentes? Pesquise as outras planificações que permitem a montagem de um cubo e reproduza-as em uma folha de papel quadriculado.
4. Quantas planificações diferentes têm o tetraedro regular? Desenhe-as.

Os poliedros que foram confeccionados até o momento poderão fazer parte do laboratório de matemática da escola.

●◐ ÁREA E VOLUME DE POLIEDROS

A partir de agora, exploraremos o cálculo de áreas e volumes. Optamos, por motivo de espaço, explorar apenas as ideias de área e volume, a área total dos poliedros e os volumes do cubo e do paralelepípedo.

Área é a medida de uma superfície. A área total de qualquer poliedro é bem simples de calcular, basta planificar o sólido para a visualização das faces e depois calcular a soma das áreas de todos os polígonos, que são as faces desse poliedro.

Na figura ao lado a área total é obtida somando-se a área da base (área do quadrado) com a área lateral (área de 4 triângulos congruentes).

Antes de calcular o volume dos poliedros, deve haver preocupação em definir ou pelo menos dar uma ideia intuitiva do que se entende por volume de um sólido.

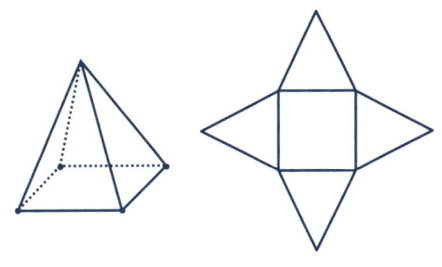

Figura 4.20 ▶

O que significa medir o volume de um sólido?

O volume de um sólido é a quantidade de espaço por ele ocupada. Quando estamos interessados em medir a grandeza "volume" devemos compará-la com uma unidade. O resultado dessa comparação será um número: a medida do volume. Costuma-se tomar como unidade de volume um cubo cuja aresta mede uma unidade de comprimento, o qual será denominado cubo unitário. Seu volume, por definição, será igual a 1. Assim sendo, o volume de um sólido deverá ser um número que exprima quantas vezes esse sólido contém o cubo unitário.

As atividades que proporemos a seguir envolvem o trabalho com área e volume do hexaedro regular ou cubo, e foram retiradas do nosso livro *Descobrindo matemática na arte: atividades para o ensino fundamental e médio*, que foi publicado em 2010 pela editora Artmed.

Professor, você poderá explorar o cálculo das áreas e dos volumes dos outros poliedros regulares inspirado nas atividades que iremos propor para o trabalho com o cubo.

ATIVIDADES

31 Observe a obra *Cubocor*. Ela é do pintor, escultor e ilustrador paranaense Aluísio Carvão (1920-2001). A obra é um cubo feito de cimento.

Qual o volume desse cubo?

32 Qual a área total, em m², desse cubo?

Cubocor, 1960.
16,5 × 16,5 × 16,5 cm

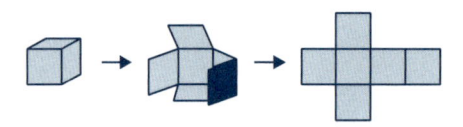

33 Se dobrarmos as medidas das arestas do *Cubocor*, qual passará a ser a área de cada face do novo cubo?

34 Qual a razão entre área da face desse novo cubo e a área da face do *Cubocor*?

35 Qual será a razão entre o volume desse novo cubo e o volume da obra original?

36 Observe uma outra obra. Ela é de Nelson Leirner, artista que nasceu em São Paulo, em 1932. Hoje, Leirner vive e trabalha no Rio de Janeiro e utiliza em suas obras elementos fabricados industrialmente.

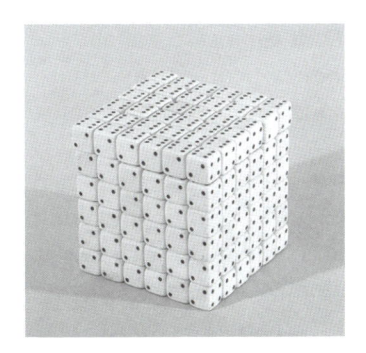

Observe que nessa obra o artista usou dados. Qual o volume dessa obra em cm³?

Cubo de Dados.
Plástico, 7 × 7 × 7 cm. 1970

37 Qual o volume da obra considerando um dado como unidade?

38 Qual a área de cada face da obra em cm²?

39 Qual a área total da obra em cm²?

40 Qual o volume de cada dado que compõe a obra em cm³?

41 Qual a área total de cada dado que compõe a obra em cm²?

42 Qual a área de cada face da obra considerando como unidade a face de cada dado?

43 Qual a área total da obra considerando como unidade a face de cada dado?

44 Se retirarmos da obra um cubo de aresta 5cm. Qual será o volume da nova peça? Desenhe a peça obtida.

Após todo esse trabalho, você pode realizar com seus alunos mais uma atividade bem interessante e que temos certeza que será do agrado deles: a construção de um caleidociclo. Você sabe o que é caleidociclo?

A palavra caleidociclo vem do grego **(kalós [belo], eîdos [forma], kyklos [ciclo])**. Há um grande número de caleidociclos. Ao girá-los de dentro para fora ou de fora para dentro, apresentam--se ciclos de figuras diferentes. Os efeitos geométricos são surpreendentes.

O caleidociclo abaixo é formado por seis de tetraedros idênticos. No exemplo a seguir foi utilizado para ilustrar um desenho de Escher.

Para construir, com seus alunos, um caleidociclo como esse, basta acessar o endereço eletrônico: http://mathematikos.psico.ufrgs.br/im/mat01071062/escher_caleidociclos.html.

Antes de os alunos ilustrarem os seus caleidociclos, é importante que eles assistam ao vídeo: http://www.youtube.com/watch?v=GnpSwOWkQ4Q& NR=1.

Figura 4.21 ▶
Caleidociclo de Escher.

Agora, para fixar os conteúdos desenvolvidos sobre poliedros, sugerimos que você proponha aos seus alunos a construção de um jogo, o JOGO DOS POLIEDROS, que foi organizado pela professora Neide Pessoa, do Grupo Mathema, de São Paulo.

Sabemos que o jogo é um excelente recurso didático. O trabalho com jogos permite a interação e a socialização entre os alunos e, se bem planejado, favorece o desenvolvimento de diferentes processos de raciocínio.

> Um aspecto relevante nos jogos é o desafio genuíno que eles provocam no aluno, que gera interesse e prazer. Por isso, é importante que os jogos façam parte da cultura escolar, cabendo ao professor analisar e avaliar a potencialidade educativa dos diferentes jogos e o aspecto curricular que se deseja desenvolver. (PCN MAT, p.36)

O objetivo do JOGO DOS POLIEDROS é formar famílias de quatro cartas. Cada família deve ser formada pelo nome do poliedro, pela figura dele, sua planificação e uma carta onde deve figurar algumas propriedades desse poliedro. Ao todo devem ser construídas 10 famílias.

Para conhecer todas as regras desse jogo e para ver as cartas, acesse o *site* http://www.mathema.com.br/default.asp?url=http://www.mathema.com.br/e_medio/sala/poliedros.html.

Nesse *site*, a professora Neide sugere ainda que, após a utilização do jogo, cada grupo de alunos crie um problema. Ao final ela propõe que haja troca entre os grupos para que os alunos possam resolver todos os problemas criados.

A seguir, duas atividades que foram criadas pelos alunos da professora Neide:

1   Qual é a carta que não faz parte dessa família de poliedros?

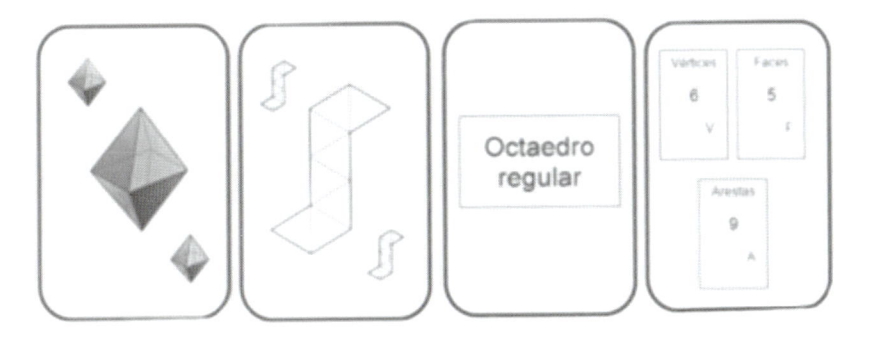

2   Um jogador tem as seguintes cartas:

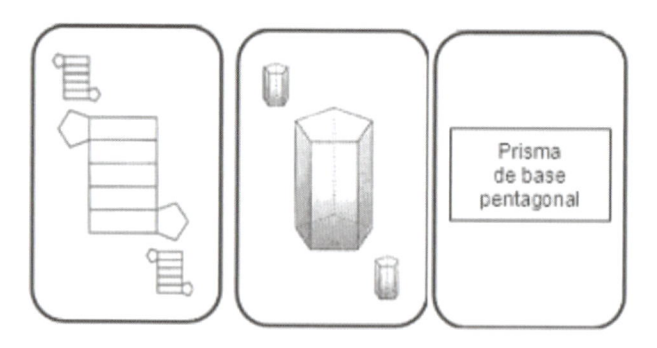

[Prisma de base pentagonal]

Qual é a carta que falta para ele formar uma família?

Esse jogo pode servir de inspiração para você, professor, criar muitos outros jogos sobre o tema. Inclusive utilizando poliedros não regulares e/ou corpos redondos.

Para aprofundamento do tema poliedros, sugerimos ainda uma visita ao *site* do **CDME da UFF**, http://www.uff.br/cdme/platonicos/platonicos-html/solidos-platonicos-br.html, que foi elaborado pelo professor Humberto José Bortolossi. Nesse *site*, o aluno é convidado a trabalhar com um *software* interativo, que permite manusear virtualmente os sólidos de Platão. Além disso, esse *site* apresenta duas demonstrações para o fato de que só existem cinco sólidos platônicos, e apresenta exemplos de manifestações desses sólidos na natureza e na cultura humana.

● PLANOS DE SIMETRIA E SECÇÕES DE POLIEDROS

O que é plano de simetria e eixo de simetria nas formas espaciais?

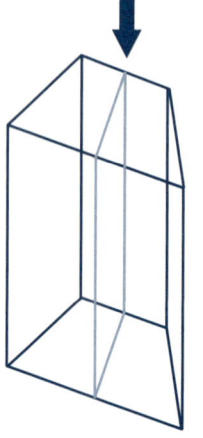

Figura 4.22 ▶
Plano de simetria.

O plano de simetria é um plano que divide a figura em duas partes simétricas.

O eixo de simetria de uma figura tridimensional é a reta resultante da intersecção de dois planos de simetria da figura. Por exemplo, o paralelepípedo da figura de bases azul-claro possui um eixo de simetria em azul claro resultante da intersecção dos planos de simetria em azul.

Você pode propor aos seus alunos que procurem descobrir quantos e quais são os planos de simetria do cubo. Para isso eles podem utilizar os cubos do tipo esqueleto que foram construídos anteriormente, ou ainda cubos feitos de sabão. Pedir também que descrevam a posição de cada plano em relação aos elementos do cubo.

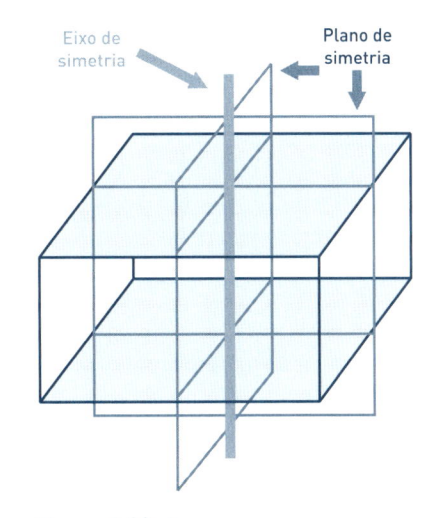

Figura 4.23 ▶
Eixo e planos de simetria.

Como sabemos, são nove os planos de simetria do cubo, ou seja, os planos que o dividem em duas partes de mesmo volume, sendo uma a imagem refletida da outra. Para que os alunos visualizem esses planos utilizando animação sugerimos o *site*: http://www.atractor.pt/simetria/matematica/docs/SimCubo.html .

● SECÇÕES PLANAS DE POLIEDOS

Um dos modelos mais adequados para estudar cortes em sólidos são os poliedros feitos em acrílico transparente com uma abertura através da qual se poderá introduzir em seu interior um líquido colorido. Desta forma, a superfície plana do líquido simula o plano de corte e, fazendo variar a posição do poliedro, observam-se as várias possibilidades de cortes.

Para facilitar a observação das secções planas produzidas pelo corte de um poliedro por um plano, ainda podemos utilizar o computador ou poliedros feitos de sabão.

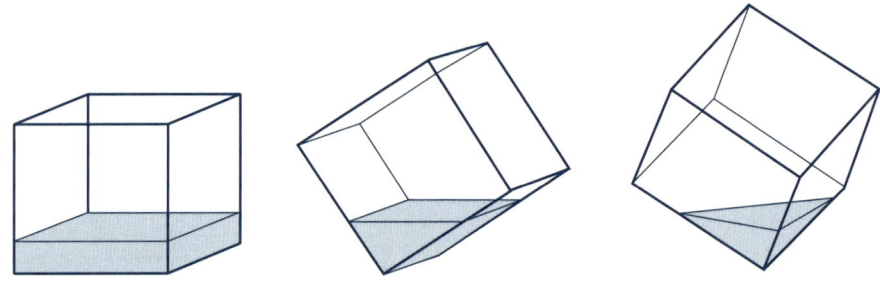

Figura 4.24 ▶
Cubo utilizado para exemplificar secções.

Vejamos a seguir algumas atividades que você, professor, pode desenvolver com seus alunos para explorar esse tema.

ATIVIDADES

45 Qual será a secção plana obtida quando o plano de corte intersecta apenas três faces de um cubo?

46 Qual é o polígono que se obtém quando o plano de corte intersecta quatro faces de um cubo e é paralelo a uma aresta do cubo?

> Professor, você pode aproveitar para questionar: Qual polígono obtemos se o plano de corte não for paralelo às arestas?

47 Sempre que a secção plana obtida for um quadrado o plano que o contém, divide o cubo em dois sólidos congruentes? Justifique.

48 Seccione um cubo de forma a obter uma secção hexagonal. O hexágono que você obteve é regular?

49 Descreva qual a posição em que um plano deve ser colocado em relação a um cubo para que a secção de corte obtida tenha a forma de:

a   um triângulo escaleno
b   um triângulo isósceles
c   um triângulo equilátero
d   um hexágono regular

50 Pesquise secções planas de um paralelepípedo reto retângulo.

51 Se em um prisma o plano de corte for paralelo às bases do prisma, a secção obtida será um polígono congruente às bases?

> Professor, explore o caso em que o plano não seja paralelo à base.

52 Que tipo de prisma tem um hexágono como secção transversal? Justifique.

53 Se cortarmos uma pirâmide reta de base quadrada por um plano que passa pelo vértice e pela diagonal da base dessa pirâmide, que secção plana encontraremos?

54 Se cortarmos uma pirâmide reta de base quadrada por um plano paralelo à base, que secção plana encontraremos?

55 Pesquise outras secções planas de uma pirâmide reta.

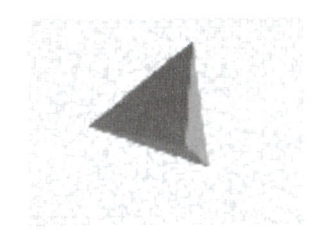

56 Como cortar um tetraedro regular para obter como secção plana um triângulo?

57 Como cortar um octaedro regular para obter como secção plana um quadrado?

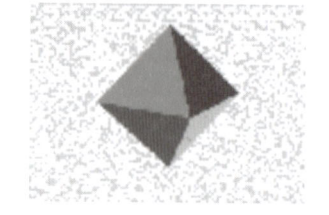

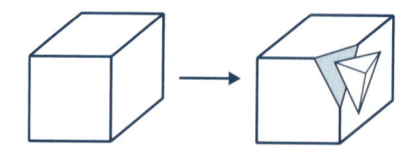

58 Observe o corte realizado em um cubo:

Note que após o corte, obtém-se dois poliedros: uma pirâmide de base triangular e um poliedro de formato irregular que possui 7 faces: 3 quadrados, 3 pentágonos e um triângulo. Quantos vértices têm esse poliedro de formato irregular? Esse poliedro satisfaz a relação de Euler?

59 Quantas arestas têm esse poliedro de formato irregular?

Para concluir esse assunto, sugerimos a confecção de um quebra-cabeça que foi proposto no livro *Vendo e entendendo poliedros* da professora Ana Kaleff. Ele é composto por duas peças iguais e favorece a visualização de uma secção plana do tetraedro regular.

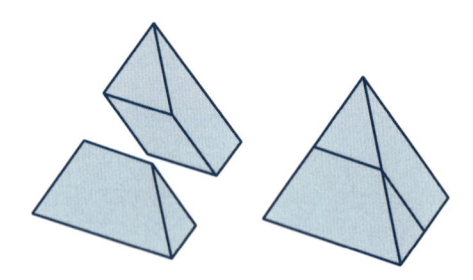

POLIEDROS ARQUIMEDIANOS

Divida a turma em grupos e proponha a criação de *WebQuest*, sobre o tema Poliedros Arquimedianos.

Como vimos no capítulo anterior, a *WebQuest* é uma metodologia de pesquisa na e para a internet que se destina a uma educação com participação ativa dos alunos sob orientação do professor. Uma atividade WebQuest oferece a possibilidade da construção do saber em um processo cooperativo.

Para elaboração dessa *WebQuest*, você pode sugerir aos seus alunos alguns questionamentos que irão direcionar a montagem da *WebQuest*.

Você já ouviu falar dos poliedros de Arquimedes?

O que são poliedros arquimedianos?

Figura 4.25 ▶
Arquimedes (287a.c.-212a.c.).

Pesquise sobre o matemático Arquimedes.

Existe relação entre Poliedros de Platão e os Arquimedianos?

Quantos são os poliedros arquimedianos? E que nome recebem cada um deles?

Determine o número de faces, vértices e arestas de cada um desses poliedros.

Todos os poliedros arquimedianos são convexos?

Observe o cuboctaedro e sua planificação. Note que ele é composto de 8 faces triangulares e 6 quadrangulares.

Construa um cuboctaedro a partir da sua planificação.

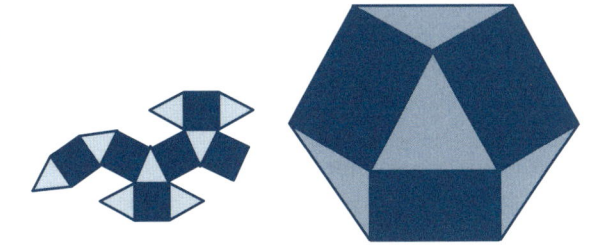

Figura 4.26 ▶
Cuboctaedro.

Escolha outros três poliedros arquimedianos e pesquise as suas planificações.

Como obter, a partir do cubo, o cubo truncado?

Quantas e quais são as formas das faces que compõem o cubo truncado?

Que tal construir uma bola de futebol? Ela tem a forma de um icosaedro truncado, um dos poliedros de Arquimedes.

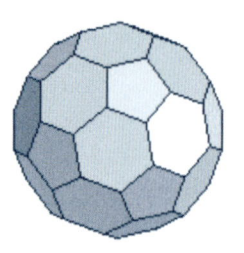

Figura 4.27 ▶
Bola de futebol: icosaedro truncado.

Para concluir o capítulo, propomos que você, junto com seus alunos, monte uma exposição com todos os poliedros que construíram ao longo desta obra.

Esperamos que você, professor, tenha apreciado as atividades sugeridas neste livro. Gostaríamos que elas fossem inspiradoras de muitas outras, auxiliando de forma significativa a sua prática docente.

Estela e Katia

REFERÊNCIAS

ABRANTES, P. Investigações em geometria na sala de aula. In: ABRANTES, P. et al. (Ed.). *Investigações matemáticas na aula e no currículo*. Lisboa: Projecto MPT e APM, 1999. p. 153-167.

ALVES, R. *Ostra feliz não faz pérolas*. São Paulo: Planeta do Brasil, 2008.

AMARAL, A. (Org). *Arte construtiva no Brasil*. São Paulo: DBA, Melhoramentos, 1998. (Adolpho Leirner).

ANASTASIOU, L. das G. C.; ALVES, L. P. (Org.). *Processos de ensinagem na universidade*: pressupostos para as estratégias de trabalho em aula. Joinville: UNIVILLE, 2003.

BARBOSA, A. M. *A imagem no ensino da arte*. São Paulo: Perspectiva, 2004.

BARBOSA, R. M. *Descobrindo a Geometria Fractal para a sala de aula*. Belo Horizonte: Autêntica, 2002. (Tendências em Educação Matemática).

BERLEZE, C. S. *Uma seqüência de ensino usando o programa WINPLOT*: em busca de uma aprendizagem autônoma do aluno. 2007. Dissertação (Mestrado Profissionalizante em ensino de Física e de Matemática) - Centro Universitário Franscicano, Santa Maria, 2007.

BORBA, M. de C.; PENTEADO, M. G. *Informática e educação matemática*. Belo Horizonte: Autêntica, 2001. (Tendências em Educação Matemática).

BRASIL. Ministério da Educação. Secretaria de Educação Básica. *Ciências da natureza, Matemática e suas tecnologias*. Brasília: MEC, 2006. (Orientações Curriculares para o Ensino Médio, v. 2).

BRASIL. Ministério da Educação. Secretaria de Educação Fundamental. *Parâmetros Curriculares Nacionais*: arte. Brasília: MEC, 1997.

BRASIL. Ministério da Educação. Secretaria de Educação Fundamental. *Parâmetros Curriculares Nacionais*: matemática. Brasília: MEC, 1997. 1º e 2º ciclos.

BRASIL. Ministério da Educação. Secretaria de Educação Fundamental. *Parâmetros Curriculares Nacionais*: matemática. Brasília: MEC, 1998. 3º e 4º ciclos.

BRASIL. Ministério da Educação. Secretaria de Educação Média e Tecnológica. *Parâmetros Curriculares Nacionais*: ensino médio. Brasília: MEC, 2002.

BRASIL. Ministério da Educação. Secretaria de Educação Média e Tecnológica. *PCN+ Ensino Médio*: orientações educacionais complementares aos parâmetros curriculares nacionais. Brasília: MEC, [2002].

BRAUMANN, C. Divagações sobre investigação matemática e o seu papel na aprendizagem matemática. In: PONTE, J. P. da et al. (Org). *Actividades de investigação na aprendizagem de análise numérica*. Lisboa: SPCE, 2002. p. 5-24.

CARNEIRO, J. P.; WANDERLEY, A. Os números complexos e a geometria dinâmica. In: BIENAL DA SOCIEDADE BRASILEIRA DE MATEMÁTICA, 1., 2002, Belo Horizonte. Anais... Belo Horizonte: UFMG, 2002. Disponível em: <http://ensino.univates.br/~chaet/Materiais/complexos_cabri.pdf>. Acesso em: 21 jun. 2011.

CARNEIRO, J. P. A geometria e o ensino dos números complexos. In: ENCONTRO NACIONAL EDUCAÇÃO MATEMÁTICA, 8., 2004, Recife Anais... Recife, 2004. Disponível em: <www.sbem.com.br/files/viii/pdf/15/PA07.pdf>. Acesso em: 20 jun. 2011.

COLL, C. et al. *O construtivismo na sala de aula*. São Paulo: Ática, 1997.

D'AMBROSIO, U. *Da realidade à ação*: reflexões sobre educação e Matemática. 5. ed. São Paulo: Summus, 1986.

D'AMBROSIO, U. *Educação matemática*: da teoria à prática. 8. ed. Campinas: Papirus, 2001.

D'AMBROSIO, U. Matemática e sociedade ou sociedade e Matemática? A difícil questão da primazia. In: ENCONTRO NACIONAL DE EDUCAÇÃO MATEMÁTICA, 8., Recife, 2004. Anais... Recife: UFPE, 2004. Conferência de abertura.

D'AMBROSIO, U. Relações entre matemática e educação matemática: lições do passado e perspectivas para o futuro. In: ENCONTRO NACIONAL DE EDUCAÇÃO MATEMÁTICA, 6., 1998. Anais... São Leopoldo: UNISINOS, 1998. p. 29-35

DINIZ, M. I. de S. V.; SMOLE, K. S. Um professor competente para o ensino médio proposto pelos PCNEM. *Educação Matemática em Revista*, v. 9, n. 11, p. 39-43, 2002.

ESCHER, M. C. *M. C. Escher*: gravura e desenhos. Hamburgo: Taschen, 1994. Trad. Maria Odete Gonçalves-Koller

FAINGUELERNT, E. K. *Educação matemática*: representação e construção em Geometria. Porto Alegre: Artmed, 1999.

FAINGUELERNT, E. K.; NUNES, K. R. A. *Descobrindo matemática na arte*: atividades para o ensino fundamental e médio. Porto Alegre: Artmed, 2011.

FAINGUELERNT, E. K.; NUNES, K. R. A. *Fazendo arte com a matemática*. Porto Alegre: Artmed, 2006.

FAINGUELERNT, E. K.; NUNES, K. R. A. *Tecendo matemática com arte*. Porto Alegre: Artmed, 2009.

FERRAZ, L. N. B. Formação e profissão docente: a postura investigativa e o olhar questionador na atuação dos professores. *Movimento*: revista da Faculdade de Educação da Universidade Federal Fluminense, n. 2, p. 58-66, 2000.

FIORENTINI, D.; MIORIM, M. Â. Uma reflexão sobre o uso de materiais concretos e jogos no ensino de matemática. *Boletim da Sociedade de Educação Matemática*, n. 7, p. 5-10, 1990.

FREIRE, P. *Pedagogia da autonomia*: saberes necessários à pratica educativa. 7. ed. São Paulo: Paz e Terra, 1998.

GARDNER, H. *Inteligências múltiplas*: a teoria na prática. Porto Alegre: Artmed, 1995.

GRAVINA, M. A. Geometria dinâmica: uma nova abordagem para a aprendizagem da Geometria. In: SIMPÓSIO BRASILEIRO DE INFORMÁTICA NA EDUCAÇÃO, 7., Belo Horizonte, 1996. *Anais...* Belo Horizonte, 1996. p. 1-13.

GRAVINA, M. A. *Os ambientes de geometria dinâmica e o pensamento hipotético-dedutivo*. 2001. Tese (Doutorado em Informática na Educação) - Universidade Federal do Rio Grande do Sul, Porto Alegre, 2001.

GRAVINA, M. A.; SANTAROSA, L. A aprendizagem da matemática em ambientes informatizados. In: CONGRESSO IBEROAMERICANO DE INFORMÁTICA EDUCATIVA, 4., Brasília, 1998. *Anais...* Brasília: RIBIE, 1998.

GULLAR, F. *Etapas da arte contemporânea*: do cubismo à arte neoconcreta. Rio de Janeiro: Revan, 1998.

HERNÁNDEZ, F. *Cultura visual, mudança educativa e projeto de trabalho*. Porto Alegre: Artmed, 2000.

IEZZI, G. et al. *Matemática ciência e aplicações*. 2. ed. São Paulo: Atual, 2004. v. 1.

IMENES, L. M. *Geometria das dobraduras*. 7. ed. São Paulo: Scipione, 1996.

IMENES, L. M.; LELLIS, M. A Matemática e o novo ensino médio. *Educação Matemática em Revista*, v. 8, n. 9, p. 40-48, 2001.

KALEF, A. M. M. R. *Vendo e entendendo poliedros*: do desenho ao cálculo do volume através de quebra-cabeças e outros materiais concretos. Niterói: EdUFF, 1998.

KLAUSMEIER, H. *Manual de psicologia educacional*: aprendizagem e capacidades humanas. São Paulo: Hasbra, 1977.

KUENZER, A. (Org.). *Ensino médio*: construindo uma proposta para os que vivem do trabalho. 4. ed. São Paulo: Cortez, 2005.

LIAÑO, I. G. de. *Dalí*. Rio de Janeiro: Ao Livro Técnico, 1995.

LIMA, E. L. et al. *A Matemática do ensino médio*. 3. ed. Rio de Janeiro: SBM, 2000. v.2.

LIMA, E. L. et al. *A Matemática do ensino médio*. 5. ed. Rio de Janeiro: SBM, 2001. v.1.

LINDQUIST, M. M.; SHULTE, A. P. (Org.). *Aprendendo e ensinando Geometria*. São Paulo: Atual, 1998.

LORENZATO, S. (Org.). *O laboratório de ensino da Matemática na formação de professores*. Campinas: Autores Associados, 2006. (Formação de Professores).

MACHADO, N. J. *Os poliedros de Platão e os dedos da mão*. 8. ed. São Paulo: Scipione, 2000.

MARTINS, J. S. *O trabalho com projetos de pesquisa*: do ensino fundamental ao ensino médio. Campinas: Papirus, 2001.

MARTINS, M. C.; PICOSQUE, G.; GUERRA, M. T. T. *Didática do ensino de Arte*: a língua do mundo: poetizar, fruir e conhecer arte. São Paulo: FTD, 1998.

MORAN, J. M.; MASETTO, M. T.; BEHRENS, M. A. *Novas tecnologias e mediação pedagógica*. 7. ed. Campinas: Papirus, 2003.

MORETTO, V. P. *Construtivismo*: a produção do conhecimento em aula. 2. ed. Rio de Janeiro: DP&A, 2000.

NASSER, L.; LOPES, M. L. M. L. (Coord.). *Geometria na era da imagem e do movimento*. Rio de Janeiro: UFRJ, 1997.

NEHRING, C. M.; POZZOBON, M. C. C. Refletindo sobre o material manipulável e a ação docente. In: ENCONTRO REGIONAL DE EDUCAÇÃO MATEMÁTICA, 7., 2007, Ijuí. *Anais...* Ijuí: Unijuí, 2007. p. 1-14.

NÓVOA, A. Formação de professores e profissão docente. In: NÓVOA, A. (Org.). *Os professores e sua formação*. Lisboa: Dom Quixote, 1992. p. 93-114.

NUNES, K. R. A. *Um olhar matemático no mundo das artes*: a arte do séc. XX como veículo de aprendizagem em Geometria. 2002. Dissertação (Mestrado em Educação Matemática) - Universidade Santa Úrsula, Rio de Janeiro, 2002.

OSTROWER, F. *Criatividade e processos de criação*. 16. ed. Petrópolis: Vozes, 2002.

OSTROWER, F. *Universos da arte*. 24. ed. Rio de Janeiro: Elsevier, 2004.

PAIS, L. C. *Ensinar e aprender matemática*. São Paulo: Autêntica, 2006.

PONTE , J. P. da; BROCARDO, J.; OLIVEIRA, H. *Investigações matemáticas na sala de aula*. Belo Horizonte: Autêntica, 2003. (Coleção Tendências em Educação Matemática).

PORTANOVA, R. A importância da história da Matemática no curso de licenciatura. *Revista da Associação dos Docentes e Pesquisadores da Pontifícia Universidade Católica do Rio Grande do Sul*, n. 2, p. 73-77, 2001.

PREMEN-MEC/IMECC- UNICAMP. D'AMBROSIO, U. *Projeto*: Novos materiais para o ensino da Matemática. Campinas: IMECC- UNICAMP, 1972. v. 1. Livro do Aluno.

SANTALÓ, L. A. A matemática para não matemáticos. In: PARRA, C.; SAIZ, I. (Org.). *Didática da Matemática*: reflexões psicopedagógicas. Porto Alegre: Artmed, 1996. p. 11-25.

SANTOS, L. et al. Investigações matemáticas na aprendizagem do 2º ciclo do ensino básico ao ensino superior. In: PONTE, J. P. da et al (Org). *Actividades de investigação na aprendizagem de análise numérica*. Lisboa: SPCE, 2002. p. 83-106.

SMOLE, K. S. *Jogos de matemática de 1º a 3º ano*. Porto Alegre: Artmed, 2008. (Cadernos Mathema: Ensino Médio).

SPINELLI, W. Nem tudo é abstrato no reino dos complexos. In: SEMINÁRIOS DE ENSINO DE MATEMÁTICA, 2. sem. 2009, São Paulo. *Trabalhos...* São Paulo: USP, 2009. Disponível em: <http://www.nilsonmachado.net/sema20091027.pdf>. Acesso em: 19 jul. 2011.

STORMOWSKI, V. *Estudando matrizes a partir de transformações geométricas*. 2008. Dissertação (Mestrado em Ensino de Matemática) - Instituto de Matemática, Universidade Federal do Rio Grande do Sul, Porto Alegre, 2008.

TINOCO, L. *Geometria Euclidiana por meio da resolução de problemas*. Rio de Janeiro: UFRJ, 1999. Projeto Fundão.

VASSALO NETO, R. *A utilização de material manipulativo na construção do conceito de números complexos*. 2010. Dissertação (Mestrado em Educação Matemática) - Universidade Severino Souza, Vassouras, 2010.

VELOSO, E. *Geometria*: temas actuais: materiais para professores. Lisboa: Instituto de Inovação Educacional, 1998.

WALKER, W.; SCHATTSCHNEIDER, D. *Caleidociclos de M.C. Escher*. [Rio de Janeiro]: Taschen do Brasil, 1991. Trad. Maria Odete Gonçalves-Koller.

SITES CONSULTADOS

http://avrinc05.no.sapo.pt/Arquimede.htm

www.enem.inep.gov.br

http://www.educ.fc.ul.pt/icm/icm2000/icm26/intgeometrica.htm#aplet+

http://www.uff.br/cdme

http://www2.mat.ufrgs.br/edumatec/softwares/soft_funcoes.php

http://www.cf-terras-feira.org/phpwebquest/procesa_index_todas.php

http://www.uff.br/cdme/fqa/fqa-html/fqa-br.html

www.atractor.pt/simetria/17padroes/index.html

www.ime.unicamp.br/~MARCIO/ps2005/hvetor12.htm

http://www.math.exeter.edu/rparris

http://www.uff.br/leg/

http://www.sbem.com.br/files/ix_enem/Minicurso/Trabalhos/MC53237927520T.doc

http://mathematikos.psico.ufrgs.br/im/mat01071062/escher_caleidociclos.html

http://www.mathema.com.br/default.asp?url=http://www.mathema.com.br/e_medio/sala/poliedros.html

http://www.uff.br/cdme/platonicos/platonicos-html/solidos-platonicos-br.html

http://alfaconnection.net/pag_avsm/geo0701.htm#GEO070106)

http://www.atractor.pt/simetria/matematica/docs/SimCubo.html .

http://www.educ.fc.ul.pt/icm/icm99/icm21/poliedros.htm

http://www.mat.uel.br/geometrica/php/gd_t/gd_20t.php

http://www.mcescher.net/target12.html